AF561793

Natürliche Beschäftigung für Papageien, Sittiche & Co.

Neue Ideen & Anleitungen für nachhaltiges Basteln.

Mit Materialien aus der Natur.

Inhaltsverzeichnis

Vorwort der Autorin

Wenn wir mit offenen Augen durch die Welt gehen, finden wir im Wald, auf den Feldern, den Wiesen, an Gewässern oder zwischen Steinen viele Naturschätze. Dabei ist es egal, ob man auf dem Land oder in der Stadt lebt. Überall können wir schöne Dinge für unsere gefiederten Freunde finden.

Während meiner Spaziergänge durch die Natur der Schwäbischen Alb entstanden die Anregungen für mein zweites Buch. Im Gegensatz zum ersten Band „Kreative Beschäftigung für Papageien, Sittiche & Co. – Über 100 Ideen & Anleitungen zum Basteln, Schreddern, Zerlegen" liegt das Hauptaugenmerk meines zweiten Buches auf Naturmaterialien.

Äste, Blumen, Gräser, Rinde und weitere Überraschungen von Mutter Natur. Die Tiere dürfen diese nach Herzenslust zerlegen, zerstören und vernaschen.

Selbstverständlich lieben Heimvögel eine bunte Vielfalt an Beschäftigungsmöglichkeiten und Spielsachen aus buntem Schredderpapier oder Bastelteilen. Jedoch bietet auch die Natur tolle, spannende, farbenprächtige und abwechslungsreiche Gestaltungsmöglichkeiten, um den Vögeln ein ausgefülltes Leben zu bieten.

Ich freue mich, wenn Sie auf diesen Seiten frische Ideen und neue Impulse dafür finden.

Ihre Jennifer Gekeler

Autorin Jennifer Gekeler, im Einsatz bei anspruchsvollen Keas

Ein Spielzeug muss nicht langlebig sein - es muss zerstörbar sein.

In der Heimvogelhaltung spielt die Beschäftigung der Tiere zur Vermeidung von Langeweile eine große Rolle. Sie benötigen eben nicht einfach nur Nahrung, um gesund und glücklich zu bleiben. Doch warum ist das so?

In der freien Wildbahn verbringen Papageien, Sittiche und Co. ihre Zeit hauptsächlich mit

- der sozialen Interaktion
- der Gefiederpflege
- der Nahrungssuche

In der Heimtierhaltung ist es am wichtigsten, seinem gefiederten Freund einen geeigneten Sozialpartner zu bieten! Auch, wenn immer wieder behauptet wird, wir „Halter" von Papageien, Sittichen und Co. seien als soziale Komponente bzw. Freund ausreichend, so können wir einen artgleichen Gesellen keinesfalls in vollem Umfang ersetzen. Ara ist nicht gleich Ara! Es gibt weit über 300 Papageienarten. Bei einem Größenunterschied, z.B. eines Hyazintharas zu einem Hahn´s Zwergara, von bis zu 70 cm, erklärt es sich von selbst, dass diese beiden Arten nicht zusammen gehalten werden sollten.

Spielzeug ersetzt den Partner nicht

Ein wichtiger Tagesordnungspunkt der Vögel ist die Futtersuche. In der Natur fliegen sie weite Strecken, um von ihren Schlafbäumen aus an die Futterplätze zu gelangen. Dabei sind sie sehr schlau und setzen ihre Intelligenz ein, um ihre Lieblingsnahrung zu finden. Somit werden sie jeden Tag sowohl geistig, als auch körperlich gefordert. Dies ist bei der Heimvogelhaltung nur bedingt gegeben. Papageien in Volieren werden nie große Flugstrecken zurücklegen müssen, um Futter zu finden. Der bis oben hin gefüllte Futternapf befindet sich in der Regel direkt neben dem Schlafast. Höchstenfalls strengen sie sich an, die fettreicheren Sämereien herauszusuchen. Die Fitness der Papageien wird dabei nicht gefördert, die Intelligenz nur insofern, wie das Beste auf bequemste Weise herausgepickt werden kann. Dieses bequeme Leben kann zu Langeweile bei den Tieren führen, zu Übergewicht, Rupfverhalten, Krankheiten und vieles mehr. Um dem entgegenzuwirken, gibt es mehrere Möglichkeiten, den Papageien einen spannenden und abwechslungsreichen Alltag zu bescheren. Freiflug, Nahrungssuche, Training oder Spielzeug sind bestens geeignet. Anregungen hierfür finden wir in der Natur.

Bei den Vorbereitungen einer Steinkreation für ihre eigenen Heimvögel, Autorin Jennifer Gekeler

Papageien, Sittiche & Co. – ein kleiner Hinweis zur Verwendung des Buches

Im Mittelpunkt dieses Ratgebers stehen natürliche Beschäftigungslösungen für Papageien und Sittiche. Dies schließt im Regelfall auch Tipps für andere typische Ziervögel in der Heimvogelhaltung ein, wie z. B. Kanarien oder Zebrafinken. Ich schreibe der Einfachheit halber oftmals schlichtweg von Papageien. Die anderen klassischen Heimvögel seien da im positiven Sinne mit eingeschlossen.

1. Abenteuer Natur – was wird draußen geboten?

1.1 Wald- und Wiesen-Knigge

Dürfen wir uns einfach nach Lust und Laune in Parks, Wäldern, Wiesen oder Feldern bedienen? Nein, natürlich nicht! Im eigenen Garten gilt das „Besitzrecht". Aber wie sieht es außerhalb des eigenen Zaunes aus?

Es gilt die „Handstraußregel" für wilde Blumen, Gräser, Farne, Moose, Flechten, Früchte, Pilze, Tee- und Heilkräuter. Grundsätzlich darf jeder die Flächen der freien Natur, die keinem Verbot unterliegen, betreten. Oben genannte Pflanzen dürfen für den Eigengebrauch, in geringen Mengen, mitgenommen werden. Beim Pflücken ist ein behutsames Vorgehen wichtig, damit diese nachwachsen können. Sie dürfen nicht aus der Erde gerissen werden, da sonst die Wurzeln Schaden nehmen. Vielmehr sollte man sie bodennah abschneiden oder mit den Fingernägeln abknipsen.

Die „Handstraußregel" gilt nicht für forstwirtschaftlich angebaute Pflanzen. Dazu gehören Bäume, Setzlinge, Schmuckreisig. Aber auch Brennholz und sogar Steine fallen unter dieses Verbot. Hölzer, die bereits für eine unbekannte Zeit auf dem Boden liegen, verwenden wir nicht mehr. Stattdessen benutzen wir frisches, abgesägtes Holz. Das setzt voraus, dass wir den Besitzer anfragen. Dies ist in den meisten Fällen das zuständige Forstamt oder die Gemeinde.

Tipp

In einer Kleingartensiedlung gibt es viele Obstbäume und Sträucher. An ihnen werden immer wieder Formschnitte vorgenommen. Bei deren Besitzer oder auch bei einem netten Nachbarn kann man nach frischem Holz fragen. Oftmals sind sie ganz froh, da sie sich die Fahrt zur Grüngutstelle sparen.

Ein Feld mit Mais, Sonnenblumen, Getreide u.a. lädt dazu ein, etwas davon mitzunehmen. Es ist jedoch verboten, sich auf landwirtschaftlich genutzten Flächen zu bedienen. Das Ernten oder Sammeln auf fremden Feldern ist – rechtlich betrachtet – Diebstahl! Deshalb muss unbedingt zuvor der Besitzer ausfindig gemacht werden. Von ihm erfährt man zudem, ob Spritz- und Düngemittel eingesetzt wurden. Diese dürfen keinesfalls unseren Heimvögeln gegeben werden. Auch bei einer bereits abgeernteten Fläche sollte der Eigentümer kontaktiert werden. Einige Landwirte gestatten eine kostenlose Nachernte, andere verlangen einen kleinen Unkostenbeitrag, z.B. bei Heidelbeerplantagen.

Achtung

Absolut nicht erlaubt ist das Pflücken und Entnehmen von Pflanzen in Naturschutzgebieten! Ebenso verboten ist es, sich an geschützten Gewächsen zu vergreifen.

1.2 Die vielfältige Brennnessel

Die Brennnessel lässt sich vielfältig einsetzen

Die Brennnessel ist nicht nur eine besonders wehrhafte Pflanze, sie ist auch ein sehr hartnäckiges Gewächs, das sich sehr schnell ausbreitet. Für Vogelbesitzer sind ihre Eigenschaften von Vorteil, da man ein häufig vorkommendes und schnell wachsendes Material erhält. Aus diesem lassen sich Spielzeuge, Bänder und Seile herstellen, die unseren Tieren eine spannende und lecker schmeckende Abwechslung ermöglichen.

Wissenswertes über die Brennnessel

Alle Pflanzenteile der Brennnessel sind essbar. Die Samen schmecken mild-nussig und die Blätter haben einen süßlichen, erdigen Geschmack, der im gekochten Zustand an Spinat erinnert. Die Brennnessel hat auch eine durchaus wichtige Bedeutung in unserem Ökosystem. Mehr als 100 heimische Tierarten, darunter die Raupen vieler Schmetterlinge, benötigen diese Pflanze um zu überleben.

Wichtig: Die Pflanze hat eine harntreibende Wirkung, sie sollte deshalb nicht an nierenkranke Tiere verfüttert werden!

Wo wächst die Brennnessel?

Hat man keine eigenen im Garten, dann kann man an folgenden Orten fündig werden:

- an Waldrändern
- in der Nähe von Gewässern
- generell an halbschattigen Plätzen in der Natur.

Wichtig

Wächst die Brennnessel in der Nähe einer Straße oder eines Ackers, sollten wir sie nicht ernten. Ein Kontakt zu Abgasen und Düngemitteln kann nicht ausgeschlossen werden.

Wann ist der richtige Erntezeitpunkt?

Ob im eigenen Garten oder in der Natur – wer Brennnesseln ernten möchte, sollte auf die richtige Technik und den richtigen Erntezeitpunkt achten.

Als Schutz vor dem Nesselgift eignen sich Garten- oder Rosenhandschuhe. Für ein beherztes Ernten ohne Handschutz pflückt man die Blätter am besten von unten nach oben streichend. So bleiben die Härchen der Pflanze intakt. Kommt ihre Flüssigkeit doch mit der Haut in Berührung, führt dies zu schmerzenden und juckenden

Quaddeln. Dagegen ist der Saft von frischem Spitzwegerich ein altbewährtes Heilmittel.

Tipp: Häufig haben Brennnesseln, die im Schatten wachsen, weniger Brennhaare als die, die in der Sonne stehen. Es lohnt sich also, die Pflanzen nach ihrem Standort auszuwählen.

Ernte

Junge, kleine Blätter: Möchte man zarte Blätter der Brennnessel ernten, sollte dies direkt nach dem Austrieb im April oder Mai getan werden. Die Pflanze hat zu diesem Zeitpunkt meist noch kein Nesselgift produziert. Aus den frischen Blättern kann man einen „Spinat" zubereiten, der nicht nur unseren gefiederten Freunden, sondern auch uns eine Abwechslung auf dem Speiseplan bietet. Dazu gibt man die Blätter in heißes Wasser, lässt sie 5–10 Minuten darin garen und gießt dann das Wasser ab.

Große, kräftige Blätter: Ende April bis Juni geerntete Blätter besitzen eine Größe, die wir für „Blättertaschen" verwenden können.

Blüten: Die zarten Blüten der Brennnessel zeigen sich erst im Juli. Sie können dann aber bis zum September geerntet und frisch oder getrocknet angeboten werden.

Samen: Ab August bis Ende Oktober kann man die Samen der Brennnessel ernten und verfüttern.

Stiele: Es bietet sich an, die Stiele im Spätsommer zu ernten, da sie zu diesem Zeitpunkt groß und kräftig genug sind, um Spielzeuge daraus herzustellen. Zudem lassen sich Seile und Bänder daraus drehen und flechten.

Brennnesseln richtig trocknen

Man kann die Pflanzen für eine Woche und länger bündelweise und kopfüber an ihrem Stiel aufhängen, um sie zu trocknen. Dafür wählt man einen schattigen und luftigen Ort, z.B. den Dachboden.

Praxistipp

Brennnesselblätter ohne Stängel lassen sich schneller auf einem Sieb oder einem Tuch trocknen. Zur Aufbewahrung eignen sich eine Dose, eine Tüte oder ein Glas mit Schraubverschluss. Der Aufbewahrungsort sollte dunkel und trocken sein.

1.3 Die Rinde - ein Alleskönner

Papageien und Sittiche haben viel Freude daran, Holzäste zu entrinden. Aber auch die Rinde alleine bietet viele kreative Möglichkeiten, um die Vögel zu beschäftigen. Mit ihr lassen sich Seile, Rasseln, Bänder, Ringe zum Auffädeln u.a. ... herstellen. Baumrinde schützt den Baum vor Krankheiten und Hitze. In den äußeren Schichten werden in feinen Kanälen Wasser und Nährstoffe zum Baumwipfel transportiert. Da beim Entfernen der Borke die Bahnen durchtrennt werden, kann der Baum absterben. Es ist tabu, lebenden Bäumen Rinde zu entnehmen, lediglich aus Formschnitten von Gehölzen darf sie gewonnen werden. Der ideale Zeitpunkt dafür liegt zwischen Oktober und März. Die Außenschale von einem Holzast lässt sich nicht immer leicht entfernen, es gibt mehrere Methoden dafür.

Hochdruckreiniger

Diese Technik eignet sich besonders zur großflächigen Borkenentfernung. Dabei drückt die Kraft des Wassers die Rinde vom Holz. Die Methode wird häufig von Profis eingesetzt.

Achtung beim Einsatz des Hochdruckreinigers

Das Holzstück muss ausreichend befestigt werden, bevor man es mit dem Wasserdruck bearbeitet. Des Weiteren sollte eine Schutzbrille getragen werden.

Auf die Rinde fertig los

Wässern

Ein für einige Tage in Wasser eingelegtes Holz lässt sich leicht per Hand entrinden, ohne dass ein Messer oder ein anderes Werkzeug zum Einsatz kommen muss.

Tipp: In nassem Zustand lässt sich die Rinde noch einfacher zu geflochtenen Bändern verarbeiten.

Messer oder Schälmesser

Aber auch mit einem schlichten Messer oder Schälmesser kann man Rinde entfernen.

Vorsicht beim Messergebrauch

Die Schnitzrichtung sollte immer vom Körper wegführen.

Welche Rinde benötige ich für welches Spielzeug?

Bänder und Seile: frische Rinde (weich, saftig und grün). Diese muss sofort verarbeitet werden.

Wichtig: Wenn wir ein Band aus geflochtener Rinde zum Zusammenbinden verwenden wollen, muss diese im „frischen/weichen" Zustand verarbeitet werden. Benutzen wir die Seile zum Auffädeln von Bastelteilen, können wir diese auch getrocknet einsetzen.

Rasseln: trockene Rindenstücke, am Besten kleine Reste...

Ringe zum Auffädeln: frische Rinde (weich, saftig und grün oder leicht angetrocknet)

Leckerbissenverpackung: frische Rinde (weich, saftig und grün). Sie sollte zügig benutzt werden, damit sie sich gut rollen und wickeln lässt.

Spielzeug-Basis: getrocknete, dicke Rinde. Darauf kann man bestens kleine Bastelteile anbringen.

1.4 Holz ist nicht gleich Holz

Vielfältige Spielzeuge lassen sich mit Hilfe von Ästen und anderen Pflanzenteilen, z.B. Rinde, herstellen. Besonders geeignet hierfür sind Zweige von unbehandelten Obstbäumen, wie z.B. Birne, Apfel, Süßkirsche aber auch Hainbuche, Ulme, Haselnuss, Platane, Korkenzieherhasel, Lärche, Esche....

Es ist zu beachten:

Die Rinde der jungen Äste von Weidengewächsen enthält im Frühjahr einen hohen Anteil des Stoffes Salacin. Bei gesunden Gefiederten hat dieser Stoff aufgrund des schnellen Stoffwechsels normalerweise keine negative Auswirkung. Als Vorsichtsmaßnahme ist dennoch zu empfehlen, die Äste gut zu trocknen oder erst im Herbst abzusägen und anzubieten. Es ist zu beachten, dass Weidenkätzchen unter Naturschutz stehen. Sie blühen so früh im Jahr, dass sie eine der ersten und daher oft einzigen Nahrungsquellen für Insekten in dieser Zeit sind. Somit dürfen wir nur Weidenästchen ohne diese flauschigen Blüten in die Voliere hängen.

Zweige und Zapfen von Kiefern, Fichten oder Tannen müssen wir auf Harz kontrollieren und dieses entfernen. Es kann das Gefieder der Vögel verkleben und, wenn es gefressen wird, zu Verdauungsstörungen führen. Zudem sollte man sie wegen ihrer ätherischen Öle in Maßen anbieten.

Tipp

Um Harz von unseren Händen zu entfernen hilft es, sie mit einem kleinen Stück Butter einzureiben und unter warmem Wasser abzuwaschen.

Die leckeren Zweige einer Pinie

Gefräste Rundstäbe aus dem Baumarkt, welche ausschließlich als Sitzstangen benutzt werden, sind völlig ungeeignet. Insbesondere bei übergewichtigen Gefiederten werden durch die gleichmäßige Beschaffenheit des Holzes stets dieselben Stellen der Vogelfüße belastet. Das kann mit der Zeit zu Druckstellen, bis hin zu schmerzhaften, entzündlichen Ballengeschwüren führen. Die Krallen der Vögel können sich auf der glatten Oberfläche nicht in ausreichendem Maße abnutzen und auch für die Schnabelpflege sind diese Hölzer ungeeignet. Als Bastelteil hingegen kann man sie durchaus einsetzen.

Vorsicht Gift

Ungeeignet sind giftige Hölzer wie zum Beispiel Rhododendron und Wacholder! Literaturempfehlung: Vogelfutterpflanzen aus Natur und Garten. Fachbuch von Bärbel Oftring und Prof. Dr. Petra Wolf, in dem auch Büsche und Hölzer behandelt werden. Das Buch bietet einen Überblick zu geeigneten Pflanzen und listet zudem Giftpflanzen auf (ISBN 978-3-945440-33-9, Arndt-Verlag).

Manchmal werden die frisch gepflanzten Gewächse einfach wieder ausgegraben, eine Arbeit, die unseren Lieblingen sichtlich Spaß macht

1.5 Blüten, Gräser, Kräuter

Viele Spielzeuge können mit Stängeln von Kräutern, mit Gräsern oder Blüten "aufgepeppt" werden. Hierbei ist es wichtig, dass man nicht zu große Mengen der Pflanzen verfüttert. Ist ein Vogel an bestimmte Kräuter noch nicht gewöhnt, dann können Verdauungsprobleme auftreten. Im Sommer hat man in der Natur reichlich Zugang zu frischem Grünzeug. Im Winter erhalten wir Bio-Kräuter in guter Qualität beim Gärtner des Vertrauens. Bio-Kräuter aus dem Supermarkt haben nach meiner Erfahrung eine vergleichsweise geringere Haltbarkeit.

Blüten sind für Papageien und Sittiche aufgrund ihres Nektar- und Pollengehaltes wunderbar geeignet - insbesondere für die Verfütterung an Loris. Wir sollten sie unseren Vögeln aber nur selten anbieten, um anderen Tieren ihre Nahrung in der freien Natur nicht wegzunehmen. Für viele Insekten sind die Blüten überlebenswichtig.

Welche Pflanzen dürfen wir verfüttern?
Dazu gehören: Spitz- und Breitwegerich, echte Kamille, Rispengras, Acker Fuchsschwanz, Weidelgras, Ringelblume, Borstenhirse, Fingerhirse, Petersilie, Topinambur, Sonnenblume, Kapuzinerkresse, Gänseblümchen, Rotklee, Kornblume, Stiefmütterchen, Vergissmeinnicht, Kreuzkraut, Huflattich, Kohldistel, Wiesen-Flockenblume, Schafgarbe, Margerite, Blüten von Apfel- und Birnbäumen und von Beerensträuchern, … .

Achtung, blinde Passagiere:
Durch den Klimawandel und die daraus folgenden milden Winter werden Zecken häufiger. Sie bevorzugen eine feuchte, warme Umgebung auf kniehohen Pflanzen. Auch unseren Heimvögeln können die Blutsauger gefährlich werden. Darum sollten wir die Pflanzen, welche wir für unsere Heimvögel sammeln, auf diese hin untersuchen. Es reicht nicht aus, die Pflanzen einfach kurz mit Wasser abzuspülen, denn Zecken können lange Zeit im Wasser überleben. Bitte absuchen und manuell ablesen.

Achtung, Zecken, das kann gefährlich werden!

1.6 Lehm und Steinkreationen

Lehm als Bau- und Knabbermaterial

Wir können Lehm fast überall finden, normalerweise aber nicht an der Oberfläche. Anders sieht es an Baggerseen und Kiesgruben aus, dort sind Lehmschichten häufig sichtbar. Der Lehm ist eine Mischung aus Ton, feinem Sand, Schluff und Spurenelementen wie Magnesium, Kalzium, Silizium und Eisen. Die Klebekraft, Heilkraft und die Speicherung der Feuchtigkeit sind hervorragende Eigenschaften. Einmal verwendet, kann man ihn immer wieder recyceln und tolle Bauvorhaben damit starten. Er ist für Ungeübte leicht zu verarbeiten und an der Voliere angebracht verdrängt er Schädlinge. Auch zum Knabbern ist Lehm geeignet.

Lehm ist nicht gleich Lehm

Er ist unterschiedlich gefärbt, und seine Konsistenz und Zusammensetzung sind verschieden. Lehm in grünlicher Farbe entsteht durch die Oxidation von Kupfer. Grünspan oder Kupferoxid können bereits in geringen Mengen giftig sein, daher sollte man am besten im Umfeld der Vögel keinen grünen Lehm verwenden.

Wie man den Naturbaustoff Lehm für unsere Heimvögel einsetzen kann, werde ich in diesem Buch zeigen.

Herr Nymphensittich fühlt sich auf dieser Lehm-Steinkreation sehr wohl

Steine bieten „Raum für Kreationen"

Wir können die unterschiedlichsten Steine als Sitzplatz, Klettergerüst, Formhilfe für Naturwände oder Trinkgefäße verwenden. Dazu säubern wir die Steine mit heißem Wasser und einer Drahtbürste.

Achtung

Fallende oder rollende Steine bergen ein großes Verletzungsrisiko für die Vögel. Sie sollten daher nicht aufgehängt und nur gesichert verwendet werden.

1.7 Nutzgarten - beliebte und geeignete Pflanzen anbauen

Besonders in der Stadt fehlt es vielen Menschen an einem eigenen Garten und damit an der Möglichkeit Obst, Hirse und anderes darin anzupflanzen. Balkone oder Dachterrassen sind eine gute Alternative um Pflanzen für unsere gefiederten Freunde zu pflegen und zu ernten.

Heidelbeere und Johannisbeere

Wenn wir die Früchte der Heidelbeere oder Johannisbeere mitsamt ihren Ästchen abschneiden, können wir sie gut in ein Spielzeug einarbeiten. Dabei ist darauf zu achten, dass ausschließlich reife Beeren daran hängen. **Wichtig:** Nach dem Genuss von dunklen Beeren kann sich der Kot verfärben. Dies ist jedoch nicht bedenklich, sondern auf den natürlichen Farbstoff der Früchte zurückzuführen.

Ringelblume

Man findet Ringelblumen in vielen Gärten. Sie ist anspruchslos und leicht zu kultivieren. Alle Pflanzenteile sind für Vögel unbedenklich und dürfen verfüttert werden.

Hirse

Halbreife Hirse schmeckt besonders süß und ist ein richtiger Leckerbissen für unsere Heimvögel. Es bietet sich an, die Hirse in Blumentöpfen anzupflanzen. Sie sollte in kleinen Mengen angeboten werden.

Vogelmiere

Die Vogelmiere mit ihren kleinen weißen Blüten wächst in Gärten, Wiesen und auf Feldern. Auch sie kann in Blumenkästen gezogen werden.

Tipp: Die Pflanze verwelkt nach dem Pflücken schnell, daher muss man sie unseren Lieblingen zügig anbieten.

Passionsfrucht

Passionsfruchtpflanzen können auch in Blumentöpfen kultiviert werden

Die Passionsblume ist nicht nur ein toller Blickfang wegen ihrer wunderschönen Blüten. Die Früchte der Pflanze (Passiflora edulis) bieten unseren Vögeln eine schmackhafte Abwechslung. -

Wichtig zu wissen bei der Passionsfrucht:

Früchte, die evtl. mit Spritz- und Düngemittel versehen sind, sollten wir nicht verfüttern. Möglich ist es, stattdessen eine Pflanze dieser Frucht zu kaufen und sie ein Jahr lang zu pflegen, bis wir sicher sein können, dass sie keine Giftstoffe mehr enthält. Auch können wir diese Pflanze durch Stecklinge oder Samen vermehren.

Gartenbambus und Weide

Zu den beliebten Pflanzen, die Papageienhalter anbieten, gehören Bambus und Weide. Beide sind variabel einsetzbar und wachsen sehr schnell. Einmal gekauft, kann man ewig davon profitieren.

Mexikanische Minigurke

Außerhalb an die Voliere angebracht, dient die Mexikanische Minigurke als Schattenspender. Ihre kleinen Früchte sind zum Verzehr geeignet, so dass sie gleichzeitig als „Knabberpflanze" für die Vögel geeignet ist.

Mini-Kiwi (Actinidia arguta)

Die Mini-Kiwis - auch Kiwi Beeren genannt - werden zunehmend beliebter. Sie gehören, wie die großen Kiwis, zur Familie der Strahlengriffelgewächse und sind bei unseren Gefiederten zu Hause sehr beliebt. Der beste Zeitpunkt für die Pflanzung ist nach den Eisheiligen im Mai, wenn nicht mehr mit Nachtfrösten zu rechnen ist. Danach ist die Pflanze sehr robust und hält Temperaturen bis minus 15 Grad aus.

Mini-Kiwis an einer Hauswand

Tipp

Hat die Kiwi-Pflanze eine gewünschte Größe erreicht, können wir die frischen Triebe um eine Formhilfe wickeln. Mit etwas Geduld erhält man Spiralen oder Kugeln, die man abschneiden und zu Spielzeug verarbeiten kann.

Fertige Samenbomben

Samenbombe

Empfehlung

Samenbomben, in einem kleinen Eierkarton verpackt, kann man sehr gut lagern, und sie eignen sich bestens als schönes Geschenk für Papageienfreunde.

Arbeitsutensilien und Zutaten

- Sieb
- Schüssel
- Gitterrost
- 5 Handvoll Bio-Erde
- 1 Handvoll Samen, gemischt oder Einzelsaaten
- Wasser
- Eierschachtel

Anleitung

Als erstes wird die Erde gesiebt. Dadurch entfernen wir gröbere Stücke, welche die Stabilität der Samenbomben negativ beeinflussen würden.

Nun füllen wir die Erde und die Samen in die Schüssel, mischen das Ganze gut durch und geben tröpfchenweise Wasser hinzu. Es sollte ein gleichmäßiger „Teig" entstehen. Aus ihm formen wir etwa walnussgroße Kugeln, welche wir an einem nicht zu warmen und durchlüfteten Ort auf einem Gitterrost trocknen lassen.

Tipp

In einen kleinen Eierkarton verpackt, lassen sich Samenbomben sehr gut lagern. Auch als Geschenk sind sie bestens geeignet.

1.8 Volierengestaltung

In diesem Kapitel zeige ich euch, wie wir das Leben von unseren Lieblingen bereichern können. Mit der Gestaltung der Voliere kann man einen großen Beitrag dazu leisten.

Vögel in der Natur stehen vor zahlreichen Herausforderungen. Sie suchen Futter, neutralisieren Gifte, müssen sich vor Feinden in Acht nehmen, einen Nistplatz suchen und ihn gegenüber Konkurrenten verteidigen. In der Obhut der Menschen entfallen viele dieser Anforderungen. Den intelligenten Tieren wird es deshalb oft langweilig. Es sollte alles dafür getan werden, dass eine angenehme Umgebung für unsere Lieblinge geschaffen wird. Eine nackte uninteressante Voliere kann Heimvögel depressiv machen.

Auch Putzutensilien wie dieser Wasserschieber bieten, unter Aufsicht, einen tollen Rastplatz

Außenvoliere

Volieren gibt es in den verschiedensten Ausführungen und Qualitätsstufen. Sie sind für eine tiergerechte Unterbringung wichtig. Sowohl das Design als auch das Baumaterial, die Wahl des Standorts und weitere Rahmenbedingungen innerhalb und rund um eine Voliere besitzen direkten Einfluss auf das Wohlbefinden der Tiere. Sie soll eine Umgebung schaffen, die ihren Bewohnern Schutz vor Raubtieren und äußeren Witterungsbedingungen bietet. Es ist ebenso wichtig, dass sie den Vögeln Zugang zu frischer Luft und Sonnenschein gewährt.

Die Innenvoliere: Eine Innenvoliere kann jederzeit im Haus oder auf dem Balkon aufgestellt werden. Da es sich bei ihr häufig um eine „kleine" Voliere handelt, ist man in ihrer Gestaltung allerdings weniger flexibel.

Ein Vogelzimmer: Ein eigens für Vögel bestimmtes Zimmer innerhalb des Hauses bietet unseren Gefiederten ausreichend Platz zum Schlafen, Fressen, Fliegen und Spielen. Natürlich bedarf es der Durchlüftung, somit sollten die Fenster mit einem Drahtelement gesichert werden.

Außenvoliere in Kombination mit einer Innenvoliere: Dieser „Typ" umfasst sowohl offene, als auch geschlossene Bereiche, in denen die Vögel sich, entweder im gut belüfteten, sonnigen oder im geschützten Raum aufhalten können. Letzterer bietet Zuflucht und Privatsphäre. Im Außenbereich der Voliere müssen einige Aspekte unter anderem bei der Bauweise beachtet werden, damit die Tiere vor Raubtieren und Witterung geschützt sind. Bevor man mit der Umsetzung der Pläne beginnen kann, muss man die behördlichen Richtlinien kennen. Nicht jedes Bundesland hat die gleichen Vorschriften.

Großraumvoliere: Eine solche findet man aus Kostengründen meistens nur in zoologischen Einrichtungen. Diese Volieren sind groß genug, damit sich die Vögel vor Störungen und Stress von außen zurückziehen können.

Großraumvoliere im Loro Parque, Teneriffa

Verdrahtung Voliere

Besonders Außenvolieren sollten so angelegt sein, dass unsere Lieblinge Schutz vor Ratten, Mäusen, wilden Vögeln, Katzen und anderen Raubtieren bekommen. Die ideale Voliere ist doppelt verdrahtet. Bei einer großen Maschenweite des Drahtes sollten zwischen innerem und äußerem Draht mindestens 5 cm Platz bestehen. Die Dicke und Maschenweite des Drahtes ist abhängig von der Größe der Vögel. Raubtiere, wie Katzen, Eulen und Greifvögel können die Tiere derart erschrecken, dass sie zu Panikflügen mit Verletzungen führen. Diese Art der Traumata ist eine der häufigsten Todesursachen für in Volieren gehaltene Papageien.

Voliereneinrichtung

Futter und Wasserstellen

Futter- und Wasserstellen sollten gut verteilt sein, damit für alle Vögel, insbesondere auch für die in der Rangordnung unten stehenden Tiere, die Nahrungs- und Wasserzufuhr gewährleistet ist. Man sollte Futternäpfe nicht direkt unter einem Sitz- oder Schlafast platzieren, damit sie nicht "zugekotet" werden. Auch schadet es nicht, wenn die Vögel zur Futterstelle fliegen oder klettern müssen.

Bachläufe sind schön anzusehen und bieten eine tolle Anflugstelle in der Voliere. Dabei muss gewährleistet sein, dass ein solcher täglich gründlich gereinigt wird, denn sowohl die Pumpe wie auch die Schläuche und das Wasser sind das reinste Paradies für Keime und Bakterien.

Boden, Einstreu

Die Einhaltung der Hygiene ist von größter Bedeutung für die Gesundheit der Tiere. Der Boden einer Voliere muss leicht zu reinigen sein, damit er keine Brutstätte für Parasiten, Pilze oder Bakterien bildet. Dafür ist ein Betonsockel mit einer Schicht sauberer Erde, Sand oder Kies sehr gut geeignet. Diese Materialien können einfach ausgetauscht werden und durch den Betonsockel kann der Boden abgewaschen und desinfiziert werden.

Artenspezifischer Hinweis

Bei Weichfressern wie Loris oder Arassaris können im Hinblick auf das besondere Futter (hoher Anteil von Flüssigkeit, viel Obst, Gemüse, Nektar,...) Fliesen auf dem Boden von Vorteil sein.

Hygiene geht vor, daher: saubere, regelmäßig gewechselte Einstreu

Sitzstangen

Die Sitzstangen der Voliere sollten aus Ästen mit verschiedenen Durchmessern bestehen, da sie die natürliche Umwelt des Vogels simulieren und zur Erhaltung von gesunden Krallen beitragen. Auch die Platzierung der Stangen spielt eine große Rolle. Sie sollten weit genug voneinander entfernt sein, um den Tieren maximale Bewegung zu ermöglichen. Es ist zu beachten, dass die Hölzer nicht zu nahe am Gitter oder den Wänden platziert werden, da sonst Verletzungen oder Beschädigungen am Federkleid möglich sind.

Hinweis

Auch dünne Ästchen sind als Sitzstange beliebt. In der Natur schlafen die Vögel gerne auf diesen, weil sie dann Bewegungen, die durch einen heranschleichenden „Jäger“ entstehen, eher wahrnehmen.

Verschiedene Sitzäste beugen Fußverletzungen vor

Pflanzen

Die einfachste Möglichkeit, unseren Heimvögeln eine „lebendige" Umgebung anzubieten, ist eine Bepflanzung außerhalb der Voliere, direkt an deren Gitter zu platzieren. Alles, was von diesen Gewächsen zu unseren Lieblingen hineinragt, darf gefressen werden, das andere kann gedeihen. Entscheiden wir uns für eine Bepflanzung innerhalb der Voliere, muss darauf geachtet werden, diese rechtzeitig für eine Erholungsphase außerhalb der Reichweite des Vogelschnabels zu bringen. Je reichhaltiger wir das grüne Angebot gestalten, umso besser können sich einzelne Pflanzen erholen, ohne gänzlich dem Knabberspaß zum Opfer zu fallen. Dabei sollte man eine freie Flugbahn nicht in Vergessenheit geraten lassen.

Achtung

Manche neu erworbenen Gewächse sind mit Dünge- und Spritzmittel versehen! Diese darf man den Tieren erst anbieten, wenn man sicher sein kann, dass die Mittel abgebaut sind. Das birgt auch den Vorteil, dass die Pflanzen Zeit haben, Volumen auszubilden und sich der Umgebung anzupassen. Wir können natürlich auch selber aussäen und zum Beispiel mit Brennnesseljauche düngen.

Kunstfelsen

Kunstfelsen sind in zoologischen Einrichtungen meist Standard. Neben einer schönen Landschaftsgestaltung verdecken sie auch „unschöne“ Gitter, Fliesen und Wände. Für die Voliere sind Kunstfelsen nicht nur ein schöner Blickfang, auch können sie einfacher von Kot gereinigt werden. Integrierte Rohre dienen als Asthalter für frische Äste.

Asthalter in eine Kunstfelsenwand eingearbeitet

Man kann fertige Kunstfelsen in vielen Formen und Größen erwerben. Genauso lassen sich eine Felsenkulisse, eine Wandverkleidung oder künstliche Steine selber bauen. Außerdem ist die Integration von Natursteinen denkbar.

Die Gestaltung der Voliere dient dem Wohlgefühl der Tiere. Doch auch dem Vogelhalter kann sie zur Passion werden.

Kunstfelsen mit Natursteinen kombiniert

2. Werkzeuge und Arbeitsmaterialien

2.1 Der kleine Werkzeugkasten

Ein kleiner Werkzeugkoffer sollte im Idealfall für viele Jahre einsatzfähig bereitstehen. Aus diesem Grund lohnt es sich, bei der Bestückung auf hochwertiges Material zurückzugreifen. Wie bei vielen anderen Dingen im Leben gilt auch hier: „Wer billig kauft, kauft zweimal". In diesem Kapitel erfahren wir, welche Werkzeuge für uns beim Bau der Spielzeuge und Beschäftigungslösungen eine Hilfe sein werden.

Bolzenschneider, Schälmesser, Hammer, Säge, Zollstock, Gartenschere, Wasserpumpenzange, Drahtbürste, Akkubohrschrauber mit Holzbohrer, Forstnerbohrer, Maschinenschraubstock, Handschuhe

Garten- und Küchenschere

Um in der Natur Pflanzen zu schneiden, kommt eine Garten- oder Küchenschere zum Einsatz. Eine kleine Küchenschere passt in jede Jackentasche. So können während eines Spaziergangs zum Beispiel frische Spitzwegerich-Blüten, Grashalme oder andere Pflanzen sorgfältig abgeschnitten werden. Für gröberes Schnittgut eignet sich die Gartenschere, da sie von beiden Seiten das Material sauber durchtrennt und Quetschungen vermeidet. Dies ist gerade dann sinnvoll, wenn wir aus dünnen Ästen Holzdübel ohne Kanten herstellen möchten.

Abgeschnittene Gräser, für Lehmgrassticks oder Blättertaschen

Schnitz- oder kleines Küchenmesser

Um die Rinde von Ästen zu entfernen, benötigen wir ein Messer. Es ist egal, ob wir hierfür ein Schnitzmesser oder ein kleines Küchenmesser verwenden.

Wichtig

Das Messer muss scharf sein, ansonsten erhöht sich nicht nur die Verletzungsgefahr, sondern wir arbeiten auch unsauber und mühevoll. Diesen Tipp gebe ich aus langjähriger Praxis aus Bastel-Workshops weiter, denn häufig hat sich herausgestellt, dass fehlendes Gelingen oder ein unschönes Resultat einzig und allein am unbrauchbaren, stumpfen Werkzeug lag.

Gartenhandschuhe

Diese Handschuhe bestehen aus einem weichen Material, das zuverlässig vor Kratzern, Stichen und Schnitten schützt. Sinnvoll können Rosenhandschuhe sein, da deren lange Schutzmanschette bis über den Ellenbogen reicht und somit auch die Unterarme z.B. beim Schneiden von Brennnesseln schützt.

Rosenhandschuhe - sehr empfehlenswert

Hammer

Ein universell einsetzbarer Hammer ist besonders dann hilfreich, wenn wir Holzdübel in Holzscheiben „klopfen".

Handsäge

Die Handsäge wird benötigt, um Äste abzusägen und zu kürzen.

Maßband / Zollstock

Einen Zollstock oder ein Maßband sollte man immer zur Hand haben, denn oftmals verschätzt man sich bei Längen oder Durchmessern.

Schleifpapier

Schleifpapier gibt es in verschiedenen Körnungen. Es dient vor allem der Sicherheit der Vögel, Gefahrenquellen wie spitz abstehende Teilchen mit einem Schleifpapier zu glätten.

Drahtbürste

Sie ist nützlich, um Verunreinigungen auf Ästen zu entfernen.

Akkubohrschrauber

Die Anschaffung eines Akkubohrschraubers ist günstig und zu empfehlen. Er ist flexibel einsetzbar und die Handhabung ist einfach. Einen dazu passenden Holzbohrer und einen nach dem amerikanischen Erfinder benannten Forstner-Bohrer (Astlochbohrer) besorgt man sich am besten gleich mit.

Holzbohrer

Den Holzbohrer verwendet man zum Bohren von Löchern. Er hat eine Zentrierspitze. Diese dient der genauen Ausrichtung und verhindert das Verrutschen beim Ansetzen.

Forstner Bohrer

Für Löcher mit einem besonders großen Durchmesser (> 10mm) verwendet man am besten den Forstner Bohrer, denn er arbeitet ähnlich einem Hobel.

> **Wichtig**
>
> Das Drehmoment des Akkubohrschraubers darf nicht zu hoch gewählt werden, denn der Bohrer wird schnell heiß und stumpf und das Holz kann verglühen.

Kastanienbohrer

Kastanienbohrer, verschiedene Durchmesser

Sie sind gut einsetzbare Handbohrer, mit welchen man ohne großen Kraftaufwand Löcher in weiche Materialien wie Kork, Blätter und Rinde bohren kann. Es gibt sie in unterschiedlichen Bohrstärken.

Maschinenschraubstock

Mit diesem Hilfswerkzeug können wir Arbeitsmaterialien während der Bearbeitung sicher einspannen. Dies ist besonders bei kleinen Bastelteilen von Vorteil.

Wasserpumpen- bzw. Rohrzange

Zange im Einsatz

Mit ihr kann man Ketten aus Edelstahl verbiegen, um eine Öse für ein Kettennotglied herzustellen.

Formhilfen, hier: Eimer oder Pappröhren

Oftmals benötigen wir gebogene Holzäste z.B. um kleine Gitterbälle herzustellen. Dabei ist es wichtig, dass sie den gleichen Durchmesser aufweisen. Man kann dafür einen Eimer oder eine Pappröhre mit dem gewünschten Radius verwenden, in deren Inneren die Holzäste in Kreisform gelegt und anschließend für eine Woche getrocknet werden.

Größere elektrische Maschinen
Eine Band- oder Tischkreissäge oder auch eine Standbohrmaschine können hilfreich sein, weil sie Zeit sparen. Sie sind aber nicht notwendig.

Nach getaner Arbeit entstehen solche Schmuckstücke: Holzbrücke mit Schaukelfunktion

2.2 Das gewisse Extra: Ergänzungen zu Naturmaterialien

Bastelzubehör aus natürlichem Material, allerdings nicht gesammelt, sondern unbehandelt im Handel gekauft

In diesem Kapitel stelle ich euch Bastelzubehör vor, welches man kaufen kann. Für manche Spielzeuge sind sie eine prima Ergänzung. Es ist wichtig, dass wir Materialien von guter Qualität verwenden, denn unsere gefiederten Freunde knabbern, fressen und zerstören alles, was nicht niet- und nagelfest ist. Es gibt Liebhaber von Lederschnüren, Papier, Kork, Acrylspielzeugen, Hölzer usw. Wenn wir die Vorlieben unserer Heimvögel kennen, dann können wir unsere Beschäftigungsangebote für sie passend machen. Es gibt mittlerweile viele Onlineshops, die nicht nur bunte Holzwürfel, Korkröhren oder Balsaholz anbieten. Auch Außergewöhnliches wie z.B. Luffa-Scheiben, getrocknete Lotusblüte, Banksiazapfen oder Lianen werden in solchen Shops verkauft. Es ist wichtig, dass wir unseren Gefiederten Freunden Abwechslung bieten. Darum ist es sinnvoll, auch auf gekaufte Spielzeuge oder Bastelmaterialien zurückzugreifen.

Holzscheiben und Holzwürfel

Eingefärbte Holzwürfel

Unsere gefiederten Freunde lieben bunte Holzwürfel. Sie sind eine gute Bereicherung zu den Naturmaterialien. Man kann diese Teile in den meisten Shops für Heimvogelzubehör, unter der Rubrik „Bastelutensilien“ erwerben.

Um selbst schnell und unkompliziert ein paar Holzwürfel zu färben, können Bastelfreunde auf verschiedene Farben zurückgreifen. Bunte, natürliche Töne erhalten wir durch Spinat, Zwiebelschalen, Heidelbeeren oder Rotkohlblätter, welche in Wasser aufgekocht werden.

Tipp: Die Löcher zum Auffädeln bohren wir am besten vor dem Färben der Holzwürfel. Der Einsatz eines Pinsels beansprucht zu viel Zeit, und das Farbergebnis ist nicht sehr ansprechend. Stattdessen legt man die Holzwürfel in einen Kunststoffbehälter, gießt die Farbe dazu und verschließt den Behälter mit einem passenden Deckel. Danach wird alles gut geschüttelt, damit die Holzwürfel die Farbe gleichmäßig annehmen können. Um ein gutes Farbergebnis zu erhalten, werden die gefärbten Holzwürfel auf einen Gitterrost abgelegt, so kann die überschüssige Flüssigkeit besser abtropfen. Schon nach kurzer Zeit sind die Würfel getrocknet und können individuell für die Weiterverarbeitung eingesetzt werden.

Bird Kabob, Sola und Balsa-Hölzer

Alle drei Holzarten stellen einen „Knabberspaß“ für unsere Lieblinge dar. Aufgrund ihrer geringen Gewichte, sind sie zudem optimal, um auf Naturbänder aufgefädelt zu werden.

Ihre Materialeigenschaften sind weich, leicht und langfaserig. Besonders Wellensittiche lieben es, sie zu schreddern.

Weinreben

Zebrafink auf einer sandgestrahlten Weinrebenschaukel - da lässt es sich aushalten

Getrocknetes Palmblatt, ein natürlicher und in diesem Fall exklusiver Landeplatz und Ausguck

Palmblätter

Die verholzten Blätter umschließen die Blütenstände der Palme und platzen beim Erblühen ab. Sie sind in ihrer Anschaffung preislich hoch, aber unsere aber unsere Heimvögel lieben sie. Wir verwenden diese hauptsächlich für Palmblattschaukeln.

Banksiazapfen

Gelbbrustara Coco lässt sich die Leckereien aus dem Banksiazapfen schmecken

Banksien wachsen fast ausschließlich auf dem australischen Kontinent. Einigen Lorihaltern wird bekannt sein, dass sich z.B. die Gebirgsloris vom leckeren Nektar der Banksienblüten ernähren. Sogar die Bestäubung erfolgt interessanterweise mitunter durch verschiedene Loriarten. Die Fruchtstände, also die Zapfen, sind verholzt und extrem hart. Sie können somit auch bei Papageienarten mit einem kräftigen Schnabel eingesetzt werden. Wir können diese hervorragend mit einer Körnermischung oder einzelnen, größeren Leckereien, z.B. Pinienkernen oder Rosinen befüllen. Wo bekommen wir diese Wunderzapfen her? Ich persönlich bestelle sie nicht in einem Deko-Bastelshop, denn die Banksien sollten chemisch unbehandelt sein. Man findet sie immer öfter in speziellen Onlineshops für Vogelhalter.

Kaffeeholz

Kaffeeholz ist extrem hart und bestens geeignet für größere Arten, wie z.B. Soldatenaras, Palmkakadus, Hyazintharas … . Aber auch die kleineren Heimvögel schätzen dieses Material als Sitzplatz oder Schaukel.

Der kleine Max sonnt sich auf einer Schaukel aus Kaffeeholz

Tipp: Das Holz kurz in Mehlkleister und anschließend in kleinen Hirsekörnchen wenden. Dann vollständig trocknen. Unsere Lieblinge werden diesen Snack lieben. Aufgrund der hohen Härte des Holzes wird es, nachdem die Körner abgeknabbert wurden, selten zernagt. Um es wieder verwenden zu können, wird es mit einer Drahtbürste gereinigt.

Lianen

Verschiedene Lianen

Sie sind ideal zum Klettern und Schaukeln. Die Kuhlen der Lianen werden gerne zum Schlafen genutzt, sofern man diese im oberen Teil der Voliere anbringt.

Kork

Dieser Nymphensittich liebt seine Korkrinde, es wurde schon fast alles „zerschreddert"

Schredderringe

Die bunten Schredderringe können in Mehlkleister gewendet und mit Hirse bestreut werden. Wenn man diese im Anschluss trocknet, hat man eine tolle Beschäftigung.

Solche Spielzeuge sind sehr beliebt, da sie sowohl zum Schaukeln als auch zum Schreddern dienen, bis sie nur noch aus kleinen Streifen bestehen. Mein Nymphensittich Arni kann den ganzen Tag damit verbringen, die Papierstreifen „abzuzupfen" und die Ringe zu zerstören. Doch versteht sich von selbst, dass die Vögel trotzdem Abwechslung durch anderes Spielzeug erhalten sollten.

Ketten und andere Metallteile

Ketten benötigen wir als sicheres Gerüst, wenn wir Spielzeuge mit Steinen oder dickeren Ästen bauen.

Achtung: Als Metall sollte in jedem Fall Edelstahl verwendet werden!
Leider findet man im Handel viele, hauptsächlich billige Produkte, mit anorganischem Zink. Anorganisches Zink, in metallischer Form, ist eine unterschätzte und tödliche Gefahr für unsere gefiederten Freunde!

Bei Ketten muss außerdem darauf geachtet werden, dass die einzelnen Kettenglieder komplett geschlossen und verschweißt sind. Ist dies nicht der Fall, weist das Metall am Rande kleine Zacken auf, an denen sich die Vögel im Eifer des Gefechtes verletzen können.

Zudem ist es wichtig, dass man, angepasst an den Vogel, die richtige Kettenstärke benutzt und keinen zu großen Durchmesser der Glieder wählt. Als Alternative sind auch Edelstahlseile verwendbar.

Seile und Schnüre

Seile, die wir zum Basteln verwenden, müssen unbedingt an die Größe des Heimvogels angepasst werden. In meinen Anleitungen finden sich darum keine Angaben in Bezug auf deren Durchmesser. Sie sollten lieber zu dick als zu dünn gewählt werden, damit sich der Vogel nicht strangulieren kann.

Achtung: Es sollten keine Baumwollseile verwendet werden, da die Gefahr besteht, dass ein Papagei die Wollfäden auffrisst und im schlimmsten Fall daran stirbt.

Alternativ können Sisalseile oder Lederriemen verwendet werden und die Schnüre, welche wir in diesem Buch selbst aus Naturmaterialien herstellen.

Kunststoffteile

Kunststoff kann aufgrund einiger Weichmacher ebenfalls zum Tod des Tieres führen, wenn die Vögel kleine Stücke abknabbern und verschlucken. Aufmerksamkeit ist daher geboten, wenn Spielzeuge beispielsweise mit kleinen Perlen oder anderen Bastelteilen aus Plastik dekoriert sind. Es sollte darauf geachtet werden, dass Kunststoffzubehör aus Polycarbonat besteht. Dies ist ein sehr festes Material, welches sogar den Schnäbeln der großen Hyazintharas widersteht.

Sonstige Bastelteile

Als weitere Bastelteile eignen sich u.a.: Weidenbälle, Pfefferholz, Kokos, Baumrinde, Pappe, Papier, Holzkugeln, Grasteile, Buddhanüsse, Luffa, verholzte Lotusblüten.

Getrockneter Schwammkürbis, auch Luffa genannt

Achtung bei weichem Kunststoff wie z.B. Wäscheklammern

3. Spielspaß · Lass uns knabbern und spielen

3.1 Alles Kleber oder was?

Papageien müssen alles in den Schnabel nehmen. Darum ist es besonders wichtig, dass wir einen geeigneten Kleister zur Herstellung mancher Spielzeuge für unsere Gefiederten verwenden. Der Klebstoff sollte frei von Lösungsmitteln sein. Wir können einen ungiftigen und essbaren Kleister aus einfachen Küchenzutaten selber herstellen.

<u>Arbeitsutensilien und Zutaten</u>

- Herdplatte
- Topf (Bitte keine Teflontöpfe verwenden, da die Dämpfe tödlich für unsere gefiederten Freunde sein können)
- Schneebesen
- 15 EL Wasser
- 3 EL Bio-Mehl

Mehlkleister - ein häufiges Hilfsmittel

Wir geben das Mehl-Wasser-Gemisch in den Topf und rühren so lange, bis sich alle Klümpchen aufgelöst haben und eine milchähnliche Konsistenz entstanden ist. Nun stellen wir den Topf auf die Herdplatte und lassen die Flüssigkeit unter ständigem Rühren aufkochen. Schon nach kurzer Zeit wird daraus ein erstklassiger Kleber.

Fester Klebstoff = mehr Mehl
Mehr flüssiger Klebstoff = mehr Wasser

Wichtig: Den Mehlkleister nach dem Kochen etwas abkühlen lassen, Verbrennungsgefahr! Meiner Erfahrung nach klebt er am besten, wenn er noch lauwarm ist, doch können wir ihn ebenso kalt verwenden. Die meisten Spielzeuge können auch ohne Mehlkleister hergestellt werden, oftmals dient dieser nur zur Stabilisierung.

3.2 Tipps und Tricks

1. Wir verwenden gelegentlich Mehlkleister. Hierbei sollte beachtet werden, dass dieser - auch Mehlkleber genannt - nicht umsonst diesen Namen trägt. Er klebt wirklich überall. Er muss deshalb zügig, im weichen Zustand und gründlich entfernt werden, denn oft erscheint die vom Mehlkleister gereinigte Stelle sauber, erweist sich aber im trockenen Zustand dennoch fleckig. Ich empfehle für kleine Arbeitsschritte, ausrangierte Kunststoffschneidebretter zu verwenden. Diese können von Hand vorgereinigt und in der Spülmaschine vollständig gesäubert werden. Bretter mit tiefen Rillen eignen sich, auf Grund der Keimbildung, nicht! Wird auf einer Arbeitsplatte gearbeitet, ist es hilfreich, diese Fläche vorher mit etwas kaltem Wasser zu benetzen, damit der Kleister daran nicht festklebt. Spielzeuge,

die mit Hilfe von Mehlkleister hergestellt werden, sollten zum Trocknen auf einen ausrangierten Gitterrost gelegt werden, damit sie nicht auf der Arbeitsplatte oder einer anderen Unterlage festkleben.

2. Benutzt man den Backofen, muss man wissen, dass eine höhere Temperatur die Trocknungszeit nicht verringert, im Gegenteil (!): Ist die Temperatur zu hoch gewählt, verbrennt das Holz. Es ist wichtig, die Angaben zur Trocknung genau zu beachten. Sollten Bastelteile nach der angegebenen Zeit nicht ausreichend trocken sein, können sie länger im Backofen oder im Freien bleiben.

3. Auch Bambusrohre lassen sich zur Beschäftigung verwenden. Es ist wichtig, die Eigenschaften von Bambus zu kennen. Setzen wir den Bambus Feuchtigkeit (z.B. beim Säubern von Verunreinigungen) oder Temperaturschwankungen aus, kann es dazu führen, dass er reißt. Möchte man solch ein Bambusrohr als Futterversteck verwenden, ist ein Riss natürlich ein Problem. Ansonsten ist dies nur ein Schönheitsfehler und nicht dramatisch. Auch hier gilt: Nicht entsorgen! Es lassen sich andere Verwendungen finden.

Bambusrohre bringen Freude, hier einem Lori

4. Für manche Spielzeuge benötigen wir Bio-Kokosnussschalen. Die Nuss darf in ihrem Inneren nicht verschimmelt sein! Bei genügend Flüssigkeit ist sie oftmals frisch. Dies können wir durch Schütteln feststellen. Am besten wird die Kokosnuss in der Mitte mit einem Messerrücken aufgeschlage (Vorsicht: Verletzungsgefahr). Kleine Mengen der frischen Kokosnuss können geraspelt verfüttert werden.

Bio-Kokosnuss-Schale

5. Benutzt man zum Basteln Seile, kann es häufig vorkommen, dass die Schnur ausgefranst ist. Dann kann sie schwer in z.B. Holzwürfel eingefädelt werden. Dafür habe ich eine schnelle und einfache Lösung: Wir benötigen einen handelsüblichen Klebestreifen und wickeln diesen fest um die Spitze des Seiles. Vor Verwendung bei unseren Papageien und Sittichen, muss der Klebestreifen unbedingt wieder entfernt werden! Möchten wir Schnüre verwenden, die nicht ausfransen, können Leder- oder Grasseile eingesetzt werden. Doch auch hier muss die Dicke der Schnur den Krummschnäbeln angepasst werden.
6. Die kühle Winterzeit kann man sehr gut nutzen, um die verschiedensten Seile und Bänder herzustellen. Dazu ist es wichtig, dass wir uns während der warmen Tage mit genügend Material eindecken.
7. Eine kleine Stofftasche eignet sich bestens zum Sammeln verschiedener kleiner Hölzer oder anderen Bastelutensilien. Verwenden wir einen zu großen Korb, kommt man schnell in einen Konflikt mit der Handstraußregel.

Jegliche Anleitung sollte zunächst komplett durchgelesen werden, um Tipps und Tricks berücksichtigen zu können.

Die Materialien sollten der Größe der Vögel angepasst werden

3.3 Impulse & Ideen zum Nachbauen

3.3.1 Schwierigkeitsstufe 1, mit Hand und Schere

Schnüre und Bänder

Oftmals werden Schnüre und Bänder für die Spielzeuge benötigt. Selbst hergestellt sind sie eine günstige Alternative zu den gekauften Edelstahlteilen und den teilweise mit Chemikalien behandelten Seilen. Verwenden wir Sorgfalt bei der Herstellung und achten wir auf den richtigen Einsatz, dann brauchen wir uns um eine Unfallgefahr für die Vögel wenig Sorgen zu machen.

Materialien zur Herstellung von Schnüren, Bändern und Seilen.

Wir benötigen lange, kräftige, elastische und griffige Fasern einer biologisch angebauten Pflanze. Mais- und Palmblätter, Gräser, frische Rinde und Brennnessel bewähren sich bestens dafür. Ihr Vorteil, sie sind fast überall zu finden (ausgenommen die Palmblätter) und einfach zu verarbeiten.

Eine vielfältige Auswahl von Bändern aus Maisblättern, Brennesselstielen, Rinde und Gräsern

Entfernen der äußeren Fasern bei einem Brennnesselstiel

Tipp: Benutzt man Fasern der Brennnessel, lässt man sie am besten für ca. 12 Stunden trocknen. Meiner Erfahrung nach werden sie dadurch griffiger. Aber auch frische können verwendet werden.

Nicht jede Schnur ist für jeden Spielzeugbau geeignet.

Material	Einsatz bei der Trocknung von Spielzeugen, Beispiel: Karabiner	Leichte Bastelteile aufhängen, Beispiel: Balsaholz, Kork	Verschluss, Beispiel: Blättertaschen	Als Aufhängung von Schaukeln
frische Rindenstreifen	geeignet	x	geeignet	x
geflochtene Rinde	geeignet	geeignet	geeignet	x
Maisblattschnur	geeignet	geeignet	x	begrenzt geeignet
Brennnesselseil	geeignet	x	geeignet	begrenzt geeignet
Palmblattseil	x	geeignet	x	begrenzt geeignet
Gräserband	geeignet	geeignet	geeignet	x

Tipp: Natürlich ist es möglich, auch dicke Seile zur Aufhängung z.B. einer Schaukel anzufertigen, jedoch muss man sich bewusst sein, dass dies einiges an Zeit und viel Pflanzenmaterial benötigt.

Hilfsmittel

- Ein handlicher Stein: Brennnesseln kann man mit einem Stein zerklopfen. Damit brechen wir den Stiel auf und kommen besser an die Fasern, die wir benötigen.
- Eine Nudelpresse: Mit einer handelsüblichen Nudelpresse können die Fasern z.B. leichter herausgetrennt werden.
- Eine Flechthilfe: Beim Flechten der Schnüre ist es hilfreich, die Fasern zu fixieren, z.B. am Henkel eines Topfes, am Griff einer Türe, einem Nagel ... damit man unter Spannung gleichmäßig arbeiten kann.

Der Henkel eines Topfes dient als Flechthilfe

Herstellung von Schnüren, Bändern und Seilen

Es gibt die Möglichkeit die Fasern zu „einem Zopf" zu flechten oder zu „verdrillen".

1. Fasern flechten

Die einzelnen Fasern werden in der Reihenfolge der Nummern miteinander verflochten und zum Schluss durch einen Knoten fixiert

2. Fasern „verdrillen"

Arbeitsutensilien und Zutaten

- Flechthilfe
- Mehrere lange Pflanzenfasern

Anleitung

1. Die Grundregel lautet hier:
   - man dreht einmal gegen den Uhrzeigersinn
   - dann dreht man das zweite Mal im Uhrzeigersinn.

Es geht auch andersherum, wichtig ist nur der Wechsel. Die Fasern sollten immer auf Spannung sein.

So sieht idealerweise das Resultat aus - bitte unter Spannung halten

2. Die „Grundregel" wird so lange wiederholt, bis sich die Fasern von selbst verdrillen. Das daraus entstandene Ende ersetzt später einen Verschlussknoten.

3. Nun kann erneut gegen und im Uhrzeigersinn verdrillt werden, bis die gewünschte Länge des Bandes erreicht ist.

Das Seil kann nun im „frischen" Zustand verwendet oder auch bei Zimmertemperatur getrocknet werden

Hinweis: Besonders am Anfang werden die Seile häufig aus mangelnder Erfahrung, schon bei der Auswahl der Fasern, zu kurz. Dies ist nicht weiter schlimm, denn wir können jederzeit zwei oder mehrere Grundgarne miteinander verbinden.

Beispiele verschiedener Naturseile

Maisblatt geflochten oder verdrillt

Rinde

Gräser

Brennnesselfasern

Tipp: Auch aus den Brennnesselstielen ohne äußere Fasern können wir im frischen Zustand ein Band flechten.

Brennnesselstiele

Ringe

Ob groß oder klein, aus diversen Materialien lassen sich Ringe basteln. Diese kann man als Basis oder als Knabberteil in verschiedene Spielzeuge integrieren.

Geschlungener Ring

Anleitung

1. Gräser, Schnüre oder Äste werden der Länge nach, mittig zu einem Kreis geformt und einmal ineinander verschlungen.

Ein kleiner Knabberring lässt sich sehr einfach in weitere Spielzeuge einbauen

2. Die beiden anderen Enden werden komplett auf den „Ring“ gewickelt, so dass wir ein gleichmäßiges Bastelteil haben.

Wickeltechnik

3. Die Ringe können frisch oder im getrockneten Zustand angeboten werden.

Großer Ring

Einen großen Ring erhalten wir, indem ein sehr flexibler frischer Holzast vorsichtig zu einem „Kreis“ gebogen wird. Dessen überstehende Enden werden mit einem Naturseil zusammengebunden und dadurch fixiert.

Wichtig: Sollte der Papagei die Seile durchbeißen, kann das Holz in seine Urform zurückspringen und den Vogel verletzen. Deshalb darf ein fixierter Ring nur getrocknet angeboten werden.

Die Fixierung kann nach dem Trocknen entfernt werden

Beispiele verschiedener Ringe und Ketten

Ein Ring aus Maisschnur ist sehr schnell anzufertigen

Dieser Ring an einem Ast kann perfekt als Aufhängung von leichten Schredderspielzeugen verwendet werden

Haselnusskette

Gräserring

Spielzeugtipp: Weidenring
Diese Ringe wurden in einer Formhilfe (siehe Seiten 28/29) getrocknet. Zum Basteln sind diese bestens geeignet

Weidenring mit Grünarassari Gino

Schredder-Stamm

Arbeitsutensilien und Zutaten

- Tontopf
- Holzast oder Korkast
- Viele kleinere Steine
- Schüssel
- Handschuhe
- Lehmpulver
- Wasser

Anleitung

1. In einen Tontopf stellen wir den Korkast und fixieren diesen mit vielen kleineren Steinen, bis er allein stehen bleibt.
2. Fünf Teile Lehmpulver, einen Teil Wasser zu einem Teig vermischen. Eine zäh-feste Konsistenz ist hier optimal.
3. Diese Masse wird gleichmäßig auf den Steinen verteilt.
4. Nun lässt man den Schredder-Stamm an einem trockenen und schattigen Ort für ca. ein bis zwei Wochen trocknen.

Die Schredderstämme bieten unseren Papageien ein leckeres Knabbervergnügen

Spielzeugtipp: Löwenzahnkrake

Mit einem Gräserband werden die Stiele fixiert. Die Krake kann sowohl frisch, als auch getrocknet angeboten werden.

Arbeitsutensilien und Zutaten

- Löwenzahn
- Gräserband
- Schere

Anleitung

Pflücken Sie 8 bis 12 Löwenzahnblumen und nehmen diese zu einem Strauß zusammen. Auf einer einheitlichen Höhe mit einem Gräserband zusammenbinden. Das Gras also bitte gleich mitpflücken. Dann zu einem Kraken zupfen oder legen.

Maisschnurmatte

Die Maisschnurmatte fordert etwas Geduld, mit etwas Übung klappt es aber immer besser und schneller

Die Maisschnurmatte kann als Basis zum Anbringen von Knabberteilen genutzt werden oder als Tunnel, Hängematte...

Anleitung auf der Folgeseite

Arbeitsutensilien und Zutaten

- Maisschnur
- Hammer
- Nägel
- Holzbrett
- Schere

Anleitung (Abbildung siehe vorherige Seite)

1. Nägel mit Hilfe des Hammers, im Abstand von 2 cm, in das Holzbrett schlagen.
2. Ein Seilknoten am ersten Nagel fixiert die Maisschnur.
3. Nun kann die Schnur, wie in einem Flechtrahmen von rechts nach links, um die Metallstifte geschlungen werden, bis wir eine Matte erhalten.

Tipp: Mit demselben Prinzip lassen sich auch ganz einfach Grasröhren herstellen.

Das Flechten mit Gräsern ist etwas einfacher als mit einer dickeren Maisschnur. Gräser aber unbedingt auf Blinde Passagiere kontrollieren.

Spielzeugtipp: Zapfen-Wühlkiste

Arbeitsutensilien und Zutaten

- kleiner Karton
- Zapfen
- Mehlkleister

Foto links: Die kleinen Kiefernzapfen werden durch den Mehlkleister fixiert. Füllt man kleine Körner dazwischen, müssen zuerst die Zapfen abgenagt werden. Erst dann erreichen unsere Lieblinge die Leckereien.

Foto unten: Gräser-Pom-Pom

Pompom aus Gras

Arbeitsutensilien und Zutaten

- Lange Gräser
- Schere

Anleitung

1. Die Gräser auf mögliche Verunreinigungen und „blinde Passagiere" kontrollieren und sorgfältig ausschütteln.
2. Um einen Pompom zu erhalten werden die Gräser immer wieder über kreuz verknotet und anschließend die restlichen überstehenden Halme mit der Schere verkürzt.
3. Er kann frisch oder auch getrocknet angeboten werden.

Spielzeugtipp: Fischi

Arbeitsutensilien und Zutaten

- Holzscheiben
- Holzstücke
- Korkrindenreste
- Mehlkleister
- Gitterrost für die Trocknung

Gitterbälle aus Brennessel

Um Gitterbälle oder andere runde Spielzeuge zu basteln, können wir uns die Besonderheit der Brennesselstiele zu Nutze machen. Diese sind innen hohl. Somit lässt sich der obere, dünnere Teil des Stiels in das untere, dickere Ende einführen. Der dadurch entstandene Ring kann auch ohne Formhilfe vollständig austrocknen und weiterverarbeitet werden.

Der große Vorteil eines Brennesselstieles: Er ist innen hohl

Ein fertiger Brennesselball

Zapfenfledermaus

Dieser Basteltipp dreht sich um eine kleine freche Fledermaus aus einem Zapfen. Sie kann an einem geflochtenen Seil aus Rinde an der Voliere befestigt werden. Auch als Fußspielzeug in einer Wühlkiste ist sie eine großartige Abwechslung.

Ein gruseliger Knabberspaß

<u>Arbeitsutensilien und Zutaten</u>

- Zapfen
- Bunte Blätter oder Verpackungspapier
- Schere
- Mehlkleister (nicht zwingend notwendig)

Anleitung

1. Zuerst kontrollieren wir die Zapfen auf mögliche Verunreinigungen und säubern diese gründlich mit heißem Wasser. Auch „Harzperlen“ sollten entfernt werden.
2. Mit Hilfe der Schere schneiden wir „Fledermausschwingen“ aus dem Karton oder dem Papier. Legen wir dieses übereinander und schneiden dann, erhalten wir identische Stücke.

   Tipp: Ein mit Mehlkleister benetztes Papier kann mit „leichten“ Grassamen bestreut werden. Bevor die nächsten Schritte durchgeführt werden können, müssen diese Teile unbedingt für 24 Stunden trocknen.
3. Damit die Schwingen am Zapfen halten, werden sie zwischen mehrere „Schuppen“ geklemmt.

   Tipp: Mit Mehlkleister halten die Schwingen noch besser.
4. Für die Ohren verwenden wir pro Spielzeug zwei Schuppen, die ebenso eingeklemmt werden.
5. Für ein freches Fledermausgesicht basteln wir uns aus Papier und etwas Mehlkleister kleine Augen.
6. Um fertig auszutrocknen wird das Spielzeug anschließend für 24 Stunden auf einen Gitterrost gelegt.

Ringe aus Holzwolle

Diese Ringe sind in Windeseile fertig und können, wie Holzwürfel, auf Seile aufgefädelt werden.

<u>Arbeitsutensilien und Zutaten</u>

- Holzwolle
- Ast, Durchmesser je nach Belieben

Anleitung

Wir wickeln die Schnur um einen Finger oder den Ast. Somit lassen sich verschiedene Lochdurchmesser erreichen. Schon ist der Ring fertig.

Tipp: Um zusätzliche Stabilität zu erreichen, wird die Holzwolle mit etwas Mehlkleister überzogen. Die Schnur darf auf dem Ast nicht festtrocknen, weil der Ring sonst nicht unbeschadet entfernt werden kann. Das fertige Teil trocknen wir bei 100 °C im geschlossenen Backofen auf einem Gitterrost für ca. 20 Minuten.

Die Zapfenfledermaus (linke Seite) ist auch für kleinere Arten wie Wellensittiche sehr schön geeignet

Spielzeugtipp: Gras-Zäunchen

Gräser mit Mehlkleister auf Zwiebelschalengrund bieten den Vögeln einen abwechslungsreichen Knabberspaß, sie sind als Bastelteil sehr gut geeignet

Arbeitsutensilien und Zutaten

- Gräser
- Mehlkleister
- Schere
- Zwiebelschalen oder getrocknete Blätter

Zwiebel-Pinata

Wir basteln ein kleines Versteckspiel. Nicht nur Graupapageien oder Amazonen können mit diesem Basteltipp etwas anfangen. Auch kleine und mittelgroße Arten müssen hier auf nichts verzichten. Wir können es unseren Tieren quasi „auf den Leib schneidern".

Arbeitsutensilien und Zutaten

- Luftballon (Wasserbombengröße)
- Verschlussclip
- Dünne Schnur oder Gummiring
- Schalen mehrerer Bio-Zwiebeln
- Leckereien
- Heu oder andere getrocknete Gräser
- Mehlkleister

Anleitung

1. Die Luftballons je nach Wunschgröße aufblasen und mit einem Clip verschließen – das Ende nicht verknoten!

Eine getrocknete Zwiebelpinata

2. Zwiebelschalen in kleine Stücke zerreißen, diese auf die Arbeitsfläche legen und dünn mit Mehlkleister benetzen.
   Tipp: Statt eines Pinsels lässt sich hierfür auch unser Zeigefinger benutzen.
3. Die Luftballons werden nun mit vielen Schalenstücken umwickelt. Dieser Schritt wird so oft wiederholt, bis die Kugel stabil ist. Wichtig: Mehr als sechs Schichten sollten es aber nicht sein, da die Ballonhülle sonst zu langsam austrocknet.
4. Um die Zwiebelhülle nun zu trocknen, wird an dem Ballon ein Gummiring oder eine Schur befestigt und die Kugel aufgehängt.
   Tipp: Eine Wäscheleine oder ein Wäscheständer eignen sich hierfür hervorragend. Wichtig: Man kann den Luftballon NICHT im Backofen trocknen. Er würde sich bei zu großer Hitze ausdehnen und im schlimmsten Fall platzen.
5. Nachdem die Kugel fast vollständig getrocknet ist, entfernen wir den Verschlussclip. Der Luftballon zieht sich zusammen und kann ganz einfach aus der fertigen „Pinata“ entnommen und wiederverwendet werden.
6. Die getrocknete Zwiebel-Pinata wird mit leckeren Sämereien und Gräsern gefüllt.
7. Anschließend muss das Spielzeug für 24 Stunden bei Zimmertemperatur trocknen.
8. Entweder man befestigt nun ein Seil zum Aufhängen oder legt es in eine Futterschüssel/Wühlkiste.

Der bunte Schmetterling

Schmetterlinge sind Sympathieträger. Auch dieser „schmackhafte“ Vertreter wird bei unseren Krummschnäbeln sehr gut ankommen.

Arbeitsutensilien und Zutaten

Bunter Schmetterling

- Rinde, flach
- Kurzer schmaler Ast mit einer Gabelung
- Dünnes Seil oder Gummiring
- Gartenschere
- Sparschäler
- Apfelausstecher
- Bio-Karotten, gelb und orange
- Bio-Gurke
- Mehlkleister

Anleitung

1. Die Rinde und der Ast werden auf mögliche Verunreinigungen kontrolliert und bei Bedarf gründlich mit heißem Wasser gereinigt.
2. Mit Hilfe der Gartenschere schneiden wir die Rinde in die Form eines Schmetterlings.
3. Der kurze Holzast wird mit viel Mehlkleister, mittig, zwischen die Flügel gesetzt und mit einem Gummiring fixiert.
4. Die Karotten und Gurken werden in dünne Streifen geschnitten.

   Tipp: Ein Sparschäler ist dafür bestens geeignet.
5. Mit dem Apfelausstecher stechen wir mehrere kleine runde Kreise aus den Gemüsestreifen.

Mit einem Apfelausstecher lassen sich kleine Gemüsekreise ausstechen

6. Damit der zukünftige Schmetterling bunte Flecken erhält, können wir die Rinde dünn mit Mehlkleister bestreichen und die Möhren- und Gurkenstücke darüber kleben.
7. Den entstandenen farbigen Schmetterling legen wir auf einen Gitterrost und lassen ihn für 24 Stunden bei Zimmertemperatur trocknen.

Blättertasche

Blättertasche

Die Blättertaschen erinnern an gefüllte Weinblätter. Auch hier wird das Besondere im Inneren versteckt, so dass unsere gefiederten Freunde damit beschäftigt sind, das Leckerli „auszupacken. Die fertigen Päckchen können in den Napf oder die Wühlkiste gelegt werden. Auch als Fußspielzeug sind sie bestens geeignet.

Arbeitsmaterialien und Zutaten

- Schere
- Schüssel
- Löffel
- Gitterrost
- Große frische Blätter
- Brenneselschnur oder Grashalm
- Mehlkleister, flüssige Konsistenz
- Körnermischung
- Bio-Vollkornmehl
- fertige Naschbällchen

Anleitung

Verwenden wir für die Blättertaschen gekaufte Nasch- bzw. Futterbällchen, überspringen wir die Schritte 1 bis 5. Dann können wir die Taschen ohne Strom herstellen. Als Alternative gibt es hier ein „Teigrezept"

1. Wir mischen einen Esslöffel Mehlkleister, drei Esslöffel einer geeigneten Körnermischung und einen Esslöffel Bio-Vollkornmehl und kneten dieses zu einem Teig. Nach Wunsch können wir auch klein geraspeltes Obst oder Gemüse beimengen. Tipp: Ebenso lassen sich auch gekaufte Leckerli-Backmischungen für Papageien und Sittiche verwenden.
2. Die Masse lassen wir für ca. 15 Minuten im Kühlschrank ruhen.
3. Nun kann man Leckerli-Kugeln aus dem Teig formen. Für kleinere Vogelarten, wie z.B. Sperlingspapageien, sollten die „Naschbällchen“ eine Größe von ca. einem Zentimeter nicht überschreiten. Für Amazonen, Kakadus, Graupapageien, Aras o.ä. werden größere Kugeln geformt. Hinweis: Auch hierbei ist auf die Fütterungsmenge zu achten.
4. Die fertig geformten Bällchen werden auf einem Gitterrost im Backofen für ca. 20 Minuten bei 100° C gebacken. Bei größeren Kugeln muss die Backzeit entsprechend verlängert werden.
5. Das gebackene Leckerli lassen wir anschließend vollständig abkühlen.
6. Jetzt platzieren wir in der Mitte der Blätter je eine gebackene Kugel oder ein gekauftes Leckerli.
7. Hinweis: Das „Naschbällchen“ darf niemals in ungebackenem Zustand in die Blätter gefüllt werden, weil dessen Feuchtigkeit aus der geschlossenen Umhüllung kaum entweichen kann. Die Gefahr, dass der Teig schimmeln würde, ist enorm hoch.
8. Die Blätter werden zusammengefaltet und mit einer Brennessel-Schnur oder einem Grashalm fest verschlossen. Es ist egal, ob wir Dreiecke oder Rechtecke formen.

Die zwei kleinen Rabauken warten schon sehnsüchtig auf ihre frische Blättertasche, denn die lässt sich in der Größe der jeweiligen Art zu Hause anpassen z. B. im Kompaktformat für unsere kleinen Wellensittiche

Lehmgrassticks

Arbeitsutensilien und Zutaten

- Gitterrost
- Schüssel
- Reines Lehmpulver, alternativ kann auch Heilerde verwendet werden
- Wasser
- Grasblüten

Anleitung

1. Wir vermengen 2 Teile Lehmpulver, einen Teil Wasser zu einem flüssigen Teig.

Lehmgrassticks

2. Die Blüten der Gräser werden in diesem Gemisch mehrmals gewendet.
3. Die fertigen Lehmgrassticks lassen wir auf einem Gitterrost bei Zimmertemperatur trocknen.

Nymphensittich Arni hat bereits den knusprigen Lehm auf dem Grasstick abgeknabbert

Lehm-Blüten-Taler

<u>Arbeitsutensilien und Zutaten</u>

- Gitterrost
- Schüssel
- Servierring
- Reines Lehmpulver, alternativ kann auch Heilerde verwendet werden
- Getrocknete Blüten
- Holzstäbchen
- Vogelgrit
- Vogelkohle
- Mineralien, je nach Wunsch
- Wasser

Anleitung

1. Wir vermengen: fünf Teile Lehmpulver, einen Teil Wasser, etwas Vogelgrit, eine Prise Vogelkohle und eine Prise fein gemahlenes Meersalz (Hier gilt: lieber zu wenig als zu viel) zu einem Teig. Eine zähfeste Konsistenz ist hier optimal.
2. Dieses Gemisch wird in mehrere Servierringe gefüllt und anschließend mit getrockneten Blüten bestreut.

   Tipp: Ein Backpapierstreifen erleichtert das Ablösen vom Untergrund.
3. Mit Hilfe eines Holzstäbchens durchbohren wir die Kreise und entfernen den Servierring.
4. Nun lässt man die Lehmsteine an einem trockenen und schattigen Ort für ca. ein bis zwei Wochen trocknen.

Lehm-Blüten-Taler können als Bastelteil in Spielzeuge eingearbeitet werden

Spielzeugtipp: Lehmring

<u>Arbeitsutensilien und Zutaten</u>

- Lehmpulver
- Wasser
- Schüssel
- Ring aus Schnur oder Äste

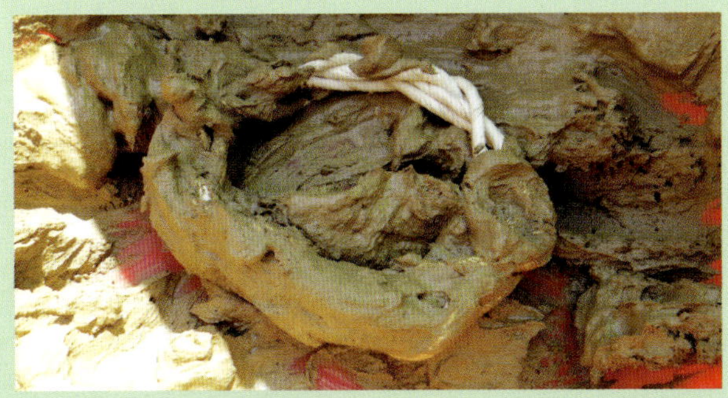

Lehmringe müssen wie die Lehm-Taler für ein bis zwei Wochen trocknen

Getrocknete Karottenstreifen
Getrocknete Karottenstreifen können als essbares Bastelteil in ein Spielzeug eingebaut werden, aber auch für eine Rassel lassen sich die Streifen einsetzen.

Tipp: Um eine bunte Vielfalt zu erhalten, können auch weiße und lila Möhren verwendet werden.

Damit wir möglichst große Karottenstreifen erhalten, wird mit dem Sparschäler über die ganze Länge des Gemüses gehobelt. Diese Streifen legen wir auf einen Gitterrost und lassen sie für 48 Stunden bei Zimmertemperatur trocknen.

Hinweis: Mit einem Dörrautomaten kann die Trocknungszeit verringert werden.

Walnussqualle
Arbeitsutensilien und Zutaten

- Gitterrost
- Messer
- Eierbecher aus Metall
- Gartenschere
- Teelöffel
- Mehlkleister
- getrocknete Stiele von Brennnesseln
- Walnüsse

Anleitung

1. Wir öffnen die Walnüsse, indem wir sie mit einem Messer an der rundumlaufenden Naht aufbrechen. Wir schütteln die Nussstückchen heraus und kratzen mit Hilfe eines Teelöffels die Halbschalen frei von ihren Innenhäuten.
2. Dann füllen wir den Boden der Walnuss großzügig mit Mehlkleister.
3. Mit Hilfe einer Gartenschere schneiden wir dann die Stiele der Brennnessel in ca. 5 cm lange Stäbchen. Diese steckt man in die mit Kleber gefüllten Walnüsse.

Eine fast fertige Walnuss-Qualle

4. Diese „Walnussquallen“ stellen wir nun vorsichtig in einen passenden Eierbecher.
5. Sie werden für ca. 20 Minuten bei 100° C im geschlossenen Backofen gebacken.
6. Zum Auskühlen legt man das Spielzeug auf einen Gitterrost.

Die Walnussqualle eignet sich besonders für Papageien und größere Sittiche. Diese sind in der Lage, sie mit ihren Füßen und ihrem Schnabel aufzugreifen, damit zu spielen oder die Stiele der Brennnessel herauszuknabbern.

3.3.2 Schwierigkeitsstufe II, mit Strom geht's leichter

Kletterspirale

Arbeitsutensilien und Zutaten

- Frischer „dünner“ Zweig, Durchmesser ca. 1cm
- „dicker“ Korkast oder ein Ast aus anderen Naturhölzern, Durchmesser ca. 6 cm
- Akkubohrschrauber
- Holzbohrer, Durchmesser wie der dünne Zweig
- Ösenschraube
- Kettennotglied

Anleitung

1. Zuerst kontrollieren wir die Hölzer auf mögliche Verunreinigungen und säubern diese gründlich mit heißem Wasser.
2. Mit Hilfe des Akkubohrschraubers werden zwei bis drei Löcher für die Spiralenbefestigung gebohrt.
3. Der dünne Zweig wird jetzt vorsichtig durch die Löcher geschoben.
4. In den dicken Ast mittig eine Ösenschraube in das Holz drehen.
5. Damit das Spielzeug aufgehängt werden kann, muss noch das Kettennotglied an der Öse angebracht werden.
6. Dieses Spielzeug können wir je nach Zeit herstellen und frisch oder trocken unseren Vögeln anbieten.

Die Kletterspirale dient als Schaukel oder wackelige Sitzgelegenheit

Karabinervarianten aus Holz

Karabiner oder Kettennotglieder aus Edelstahl werden am häufigsten als stabile Aufhängung bei der Spielzeugherstellung verwendet. Karabiner ohne Schraubverschluss sind ein großes Sicherheitsrisiko und können bei den Vögeln zu schwerwiegenden Verletzungen führen. Alternativ dazu können wir „natürliche" Befestigungen basteln. Zwar haben sie eine kürzere Lebensdauer, doch lassen sie sich leicht neu produzieren und somit ersetzen.

Variante 1: Karabinerersatz, angefertigt aus einer Astgabel

<u>Arbeitsutensilien und Zutaten</u>

- Gartenschere
- Akkubohrschrauber
- Holzbohrer, Durchmesser angepasst an die Schnur
- Frischer Ast mit einer Gabelung, am besten Haselnuss, weil sich dieser gut biegen lässt
- Dünne Naturschnur (siehe Tipps auf den Seiten 43 und 48)

Karabiner aus Ästen sind im Fachhandel nicht zu erwerben

Anleitung

1. Es bleibt einem selber überlassen, ob man die Rinde vom Ast schält oder nicht.
2. Wird die Rinde am Zweig belassen, kann sie als Knabberspaß für unsere Vögel dienen. Machen wir sie ab, lässt sie sich zu einer Schnur flechten, die wir für die Aufhängung einsetzen können.
3. Den dünneren Astteil der Gabelung biegen wir vorsichtig über den dickeren.
4. Die Stelle, an der sich die beiden Holzenden berühren, werden zusammengebunden. Dafür kann die abgeschälte Rinde oder eine andere Naturschnur benutzt werden.
5. Um nun an dieser Aufhängung ein Spielzeug befestigen zu können, brauchen wir eine weitere Öse. Wir bohren im weiteren Verlauf des dickeren Astes mit dem Akkubohrschrauber ein Loch, in dem man eine Schnur mit einem Spielzeug einfädeln kann.
6. Zum Schluss wird die Astgabelung mit Ihren Aufhängungen (am besten an der frischen Luft) getrocknet. Dann können die Fixierungen entfernt werden.

Variante 2: Karabinerersatz anhand einer Vorlage, ausgesägt aus einer dünnen Holzscheibe

Arbeitsutensilien und Zutaten

- Dünne Holzscheibe
- Handsäge oder maschinelle Säge (Dekupiersäge)
- Akkubohrschrauber
- Holzbohrer, Durchmesser mm

„Karabiner" aus Holzscheiben sind gelegentlich in der Nagerabteilung im Fachhandel zu finden

Variante 3: Statt einem Karabinerersatz können wir auch eine einfache Sitzstange als Aufhängung für Spielzeug benutzen.

Arbeitsutensilien und Zutaten

- Dicker Holzast
- Dünnerer Holzast
- Handsäge oder maschinelle Säge
- Akkubohrschrauber
- Holzbohrer, gleicher Durchmesser wie der dünne Ast
- Mehlkleister

Anleitung

1. Wir kontrollieren die Hölzer auf mögliche Verunreinigungen und säubern sie bei Bedarf gründlich mit heißem Wasser.
2. Dann sägt man den dickeren Ast in der Breite der Voliere zu.
3. An dessen beiden Enden bohren wir mit Hilfe des Akkubohrschraubers jeweils ein fünf Zentimeter tiefes Loch, mit dem Durchmesser des dünnen Astes.
4. Diese werden mit Mehlkleister gefüllt.
5. Aus dem dünneren Holz sägen wir nun zwei ca. sieben Zentimeter lange Teile und stecken diese in die Löcher des dicken Astes, siehe:

6. Das Spielzeug muss für zwei Tage vollständig austrocknen.
7. Um die Sitzstange am Gitter der Voliere anzubringen, sägen wir an deren Enden im dünnen Holz jeweils ein oder zwei Kerben, siehe folgende Skizze

Naschplatz

Arbeitsutensilien und Zutaten

- Kleine Äste
- Korkrinde
- Akkubohrschrauber
- Holzbohrer
- Schraube
- Unterlegscheibe
- Sicherungsmutter
- Blüten

Naschplatz

Sesam-Rinden-Rolle

Sesam-Rinden-Rolle mit Teig gefüllt

1. Ein Esslöffel Sesamsamen, ein Esslöffel Dinkelmehl und etwas Wasser werden in einer Schale gründlich vermengt. Dabei ist wichtig, dass die Füllung nicht flüssig ist.
   Tipp: Für die knetbare Konsistenz fügt man entweder Samen oder Bio- Vollkornmehl hinzu.
2. Diese Mischung sollte für ca. 5 Minuten ruhen, bevor sie weiterverwendet werden kann.
3. Aus dem Teig formen wir am besten direkt in der Handfläche kleine „Würstchen“, welche wir vorsichtig in die Rindeninnenseite legen.
4. Die Rinde wickelt man um die Teigmasse.

   Tipp: Damit die Rolle nicht wieder aufklappt, können wir dünne lange Rinde oder eine Brennesselschnur zum Verknoten verwenden.
5. Nun müssen die Rollen noch für ca. 20 Minuten bei 150 °C im Backofen backen.
6. Anschließend lassen wir sie auf einem Gitterrost abkühlen.

Raupenparty

Die Raupen dienen als tolles buntes Fußspielzeug, aber auch als Schredderspielzeug oder „Bastelteil" sind sie bestens geeignet.

Kleine bunte Raupen

Arbeitsutensilien und Zutaten

- Gitterrost
- Akkubohrschrauber
- Holzbohrer, Durchmesser 1-2 mm
- Kleine gebogene Äste
- Schredderpapier bunt, Zwiebelschalen oder bunte Blätter
- Gräser
- Mehlkleister

Anleitung

1. Die Äste kontrollieren wir auf mögliche Verunreinigungen und säubern diese bei Bedarf mit heißem Wasser.
2. Damit die Raupen bunte Streifen erhalten, können wir die Hölzer dünn mit Mehlkleister bestreichen und Schredderpapier, Zwiebelschalen oder getrocknete Blätter eines Baumes darüber kleben.
3. Mit Hilfe des Akkuschraubers werden zwei Löcher für die „Fühler" der Raupe gebohrt.
4. In diese stecken wir je einen Grashalm, z.B. Fuchsschwanzgräser oder Spitzwegerichknospen.
5. Anschließend muss das Fußspielzeug für 24 Stunden bei Zimmertemperatur austrocknen. Erst dann können wir es unseren Lieblingen zum Spielen anbieten.

Zapfenstern

In dieser Anleitung basteln wir uns einen kleinen vorweihnachtlichen Zapfenstern ganz ohne Honig.

Arbeitsutensilien und Zutaten

- Akkubohrschrauber
- Holzbohrer, Durchmesser wie die Brennesselstiele
- Holzscheibe
- Gartenschere
- Gitterrost
- Kiefernzapfen
- Einmalspritze
- Mehlkleister
- Getrocknete Brennesselstiele

Ein fertiger Zapfenstern ist auch eine toller Schmuck für den Weihnachtsbaum

Anleitung

1. Zuerst kontrollieren wir die Brennesseln und Kiefernzapfen auf Verunreinigungen. Bei Bedarf gründlich mit heißem Wasser säubern.
   Wichtig: Die Zapfen sollten frei von Harzrückständen sein.
2. Mit Hilfe des Akkubohrschraubers werden an der Außenseite des Holzstückes kleine Löcher für die getrockneten Stiele gebohrt. Dieses wiederholen wir auf der Unterseite der Kiefernzapfen.
3. Die Brennesselstiele werden mit der Gartenschere in kleinere, ca. 4 – 5 cm lange Stücke geschnitten.
4. Nun füllen wir die Einmalspritze mit dem Mehlkleister und spritzen diesen großzügig in die Öffnungen.

5. Die verholzten Stäbe drücken wir jetzt fest in die mit essbarem Klebstoff gefüllten Bohrungen der Holzscheibe. Anschließend stecken wir die Zapfen auf die Stiele.
6. Der Zapfenstern wird nun bei 100° C für ca. 20 Minuten im Backofen gebacken. Um auszukühlen, legt man ihn auf einen Gitterrost.

Tipp: Wir können den Zapfenstern auch vor der Trocknung mit Mehlkleister beträufeln und Schredder-Konfetti, getrockneten Klee oder Wildblumen darüber streuen. Hierbei ist es wichtig, dass die Zapfen vollständig im Backofen trocknen können, man vermeidet dadurch eine mögliche Schimmelbildung.

Der Zapfenstern eignet sich auch für große Arten mit kräftigen Schnäbeln!

Spielzeugtipp: Zappelphilipp

Arbeitsutensilien und Zutaten

- Äste
- Säge
- Akkubohrschrauber
- Holzbohrer
- Maisschnur
- Holzwürfel
- Bambusreste

Für den Zappelphilipp können wir viele „Reste" wiederverwenden

„Zapfenscheiben“ zum Aufhängen

Dafür eignen sich insbesondere große Pinien- oder Schwarzkieferzapfen.

Fertige Zapfenscheiben

Arbeitsutensilien und Zutaten

- Pinien- oder Schwarzkieferzapfen
- Säge
- Akkubohrschrauber
- Holzbohrer, Durchmesser 5mm

Anleitung

1. Die Zapfen werden im breiten, unteren Viertel abgesägt.
2. Dann bohren wir für die Öffnung, mit Hilfe des Akkubohrschraubers, ein Loch in die hölzerne Mitte.
3. Die so entstandenen Bastelteile können wir nun vielfältig für Spielzeuge einsetzen und kombinieren.

Spielzeugtipp: Weihnachtsbäumchen

Die Ästchen sollten schön gleichmäßig gewachsen sein. So wird das Bäumchen richtig schön.

Arbeitsutensilien und Zutaten

- Äste
- Säge
- Gartenschere
- Gitterrost
- Mehlkleister

Mini-Zapfen-Burger

Arbeitsutensilien und Zutaten

- zwei Zapfenscheiben
- flaches Rindenstück
- dünner Holzast, Länge ca. 15 cm lang
- oder einen getrockneten Brennnesselstiel in dieser Länge
- Akkubohrschrauber
- Holzbohrer 5mm

Anleitung

1. Zuerst kontrollieren wir das Rindenstück auf mögliche Verunreinigungen und säubern diese bei Bedarf mit heißem Wasser.
2. Mit Hilfe des Akkubohrschraubers wird sowohl in die beiden Zapfenscheiben sowie in das Rindenstück jeweils ein Loch gebohrt.
3. Auf den dünnen Holzast fädeln wir nun eine Zapfenscheibe, das Rindenstück und zuletzt die zweite Zapfenscheibe, wie zu einem „Burger".

Spielzeugtipp: Zapfenschnur

Arbeitsutensilien und Zutaten

- Zapfenscheiben
- Akkubohrschrauber
- Holzbohrer
- Maisschnur
- Schere

Ein Klebestreifen an der Spitze der Maisschnur vereinfacht das Auffädeln der Scheiben. Der Klebestreifen muss natürlich nach dem Basteln entfernt werden

Spielzeugtipp: Rindenrassel

Arbeitsutensilien und Zutaten

- Rindenstücke
- frischer Haselnusszweig
- Akkubohrschrauber
- Holzbohrer

Der frische Haselnusszweig wird mit einer Rindenschnur fixiert und anschließend getrocknet

Ahornsonne

<u>Arbeitsutensilien und Zutaten</u>

- Akkubohrschrauber
- Holzbohrer 8mm
- Gitterrost
- Ahornsamen, frisch oder getrocknet
- Holzscheibe
- Einmalspritze
- Mehlkleister

Anleitung

1. In die Holzscheibenrinde bohren wir mit Hilfe des Akkubohrschraubers in regelmäßigen Abständen Löcher mit je 1,5cm Tiefe.

Tipp: Die Markierungen für die Löcher zeichnen wir am besten mit einem Stift vor.

2. Mit der Einmalspritze etwas Mehlkleister aufziehen und in die Löcher spritzen.
3. Die Ahornsamen drücken wir nun fest in die gefüllten Bohrungen.
4. Um auszutrocknen, legt man die Ahornsonne für 24 Stunden auf einen Gitterrost.
5. Nach Wunsch kann mit dem Akkubohrschrauber ein Loch in das Holz gebohrt werden. Die Ahornsonne kann man so bestens auf ein Seil auffädeln.

Tipp: Dieses Spielzeug kann auch ohne Mehlkleister hergestellt werden. Hierfür werden die Ahornsamen ohne Mehlkleister in die Löcher gedrückt. Die Bohrungen sollten dann entsprechend der Größe angepasst werden.

Spielzeugtipp: Zapfenzauberstab

Arbeitsutensilien und Zutaten

- Ast
- Säge
- Akkubohrschrauber
- Forstnerbohrer
- Zapfen
- Leckereien

Was sich wohl alles in diesem Zauberstab verstecken lässt?

Hexenbesen

<u>Arbeitsutensilien und Zutaten</u>

- Akkubohrschrauber
- Holzbohrer 5mm
- Pinienzapfenspitze, Länge ca. 6 cm
- dünner Holzzweig, Stärke 5mm, Länge ca. 15 cm
- Mehlkleister
- Einmalspritze

Anleitung

1. In die Pinienzapfenunterseite bohren wir mit Hilfe des Akkubohrschraubers ein Loch.
2. Mit der Einmalspritze wird etwas Mehlkleister aufgezogen und in das 5mm große Loch gespritzt. In diese Bohrung drücken wir nun fest den Zweig.
3. Das Spielzeug muss für 24 Stunden vollständig austrocknen. Erst dann ist es zum Spielen bereit.

Bohrung auf der Zapfenunterseite

Pflanzenstein

Arbeitsutensilien und Zutaten

- Stein
- Akkubohrschrauber
- Steinbohrer
- Wasser zur Kühlung des Bohrers
- Maschinenschraubstock zur Fixierung des Steines

Anleitung

1. Der Stein wird mit Wasser gründlich gereinigt.

2. Nun können wir, unter ständiger Wasserkühlung, ein Loch mithilfe des Akkubohschraubers in den Stein bohren.

Tipp: Als Haltevorrichtung für Kapuzinerkresse- oder Ringelblumenblüten ist so ein Spielzeug bestens geeignet.

In einen solchen Pflanzstein können wir Blüten, Ästchen oder Gräser stecken

Bonbon

Beträufeln wir das Bonbon mit etwas Mehlkleister, kann es anschließend mit Leckereien dekoriert und getrocknet werden

<u>Arbeitsutensilien und Zutaten</u>

- Holzast, Länge ca. 6 cm
- 6-8 Pinienzapfenschuppen
- Gitterrost
- Akkubohrschrauber
- Holzbohrer 10mm
- Einmalspritze
- Mehlkleister

Anleitung

1. Zuerst kontrollieren wir den Ast auf mögliche Verunreinigungen und säubern ihn bei Bedarf gründlich mit heißem Wasser.
2. Mit Hilfe des Akkubohrschraubers wird an beiden Enden ein Loch gebohrt.
3. Nun füllen wir die Einmalspritze mit dem Mehlkleister und spritzen diesen großzügig in die Öffnungen.
4. Die Pinienzapfenschuppen drücken wir jetzt fest in die gefüllten Bohrungen des Holzstückes.
   Tipp: Die Schuppenenden sollten aus dem Ast ragen.
5. Das Spielzeug wird auf einen Gitterrost gelegt und für ca. 24 Stunden bei Zimmertemperatur getrocknet.

Hantel

<u>Arbeitsutensilien und Zutaten</u>

- Akkubohrschrauber
- Holzbohrer 5mm
- Gitterrost
- zwei Pinienzapfenspitzen, Länge ca. 6 cm
- dünner Holzzweig, Stärke 5mm, Länge ca. 15 cm
- Mehlkleister
- Einmalspritze

Anleitung

1. In die Unterseite des Pinienzapfens bohren wir mit Hilfe des Akkubohrschraubers ein Loch.
2. Mit der Einmalspritze wird etwas Mehlkleister aufgezogen und in die 5mm große Öffnung gespritzt.
3. Je einen Pinienzapfen drücken wir rechts und links fest auf den Holzzweig.
4. Die fertige Hantel wird auf einen Gitterrost gelegt und für ca. 24 Stunden bei Zimmertemperatur getrocknet.

Diese Hantel kann als Fußspielzeug angeboten werden

Leckereien Klammer

Arbeitsutensilien und Zutaten

- Ast, Durchmesser mind. 1 cm; Länge 15 cm
- Akkubohrschrauber
- Holzbohrer, Durchmesser 3 mm
- Schnitzmesser

Anleitung

1. Wir bohren im Abstand von etwa fünf Zentimeter zu einem Astende ein Loch. Ausgehend von diesem hat das Holz nun einen kürzeren und einen längeren Teil.
2. Der längere Teil des Holzes wird festgehalten. Dann schnitzt man vom Loch ausgehend zum kürzeren Astende hin einen Spalt und schon ist die Klammer fertig. Alternativ dazu kann der Spalt auch mit Hilfe einer Säge angefertigt werden.

Mäuschen

Arbeitsutensilien und Zutaten

- Dicker Ast, Länge ca. 15 cm
- Akkubohrschrauber
- Holzbohrer, Durchmesser 3 mm
- Einmalspritze
- Schnitzmesser
- Maisschnur
- Mehlkleister, zähe Konsistenz

Anleitung

1. Zuerst kontrollieren wir den Ast auf mögliche Verunreinigungen und säubern diese bei Bedarf gründlich mit heißem Wasser.
2. Für den Kopf schnitzen wir ein Ende des Astes spitz zu.

3. Damit das Mäuschen nicht wegrollt, spitzt man den Ast auf der Unterseite der Länge nach flach.
4. In diesem Schritt den Mäusepopo etwas rundlicher schnitzen.
5. Mit Hilfe des Akkubohrschraubers wird am abgerundeten Ende bis zur Mitte des Holzstückes ein Loch gebohrt.
6. Nun füllen wir die Einmalspritze mit dem dicken, zähen Mehlkleister und spritzen diesen großzügig in das Loch.

   Tipp: Die Einmalspritze sofort wieder mit kaltem Wasser ausspülen. So kann diese mehrmals verwendet werden. Die Maisschnur drücken wir jetzt fest in die gefüllte Bohrung des Astes.
7. Für die Ohren benötigt man zwei größere Stücke Rinde, denen wir eine Ohrenform geben. Sie müssen auf einer Seite angespitzt werden.
8. An der Kopfseite bohren wir rechts und links je ein Loch für die Öhrchen. Diese werden mit Mehlkleister bestrichen und in die Bohrungen gedrückt.
9. Wer dem Mäuschen ein Lächeln ins Gesicht zaubern möchte, kann dies mit Vogelkohle auf den Kopf zeichnen. Auch dürfen kleine „Tasthaare“ aus Holzwolle oder Gräser befestigt werden.
10. Anschließend kann das fertige Mäuschen bei Zimmertemperatur vollständig trocknen.

Hat man für die Öhrchen keine Rinde zur Hand, können auch Zapfenschuppen verwendet werden

Tontopf

Sie dienen nicht nur als Versteck, sondern können auch aufgehängt eine kreative Beschäftigung bieten. Wichtig dabei ist, dass die Töpfe sicher befestigt werden und nicht herunterfallen können. Für unsere gefiederten Freunde wird es bestimmt nicht leicht, an die Unterseite zu gelangen. Das ist eine Herausforderung! Am besten verwenden wir für dieses Spielzeug neue Tontöpfe aus dem Fachhandel oder stellen uns selbst einen kleinen Topf aus Lehm her.

Arbeitsutensilien und Zutaten

- Mehlkleister
- Tontöpfe, nicht zu groß
- Akkubohrschrauber
- Steinbohrer
- Sisalseil oder Edelstahlkette
- Klebeband
- Holzscheiben mit Loch
- Kettennotglied aus Edelstahl
- Holzwolle oder getrocknete Gräser
- Kleine Körnchen (Futtermischung)

Anleitung

1. In den Topf bohren wir mit Hilfe des Akkubohrschraubers am Boden ein Loch. Scharfe Kanten sollten geglättet werden. (Verletzungsgefahr ausschließen). **Wichtig:** Da die Töpfe bruchanfällig sind, ist der Einsatz von Schlagbohrern ausgeschlossen. Alternative: Die Bruchgefahr kann durch langsame Umdrehungen eines Steinbohrers gemindert werden.
2. Eine der Holzscheiben wird auf das Seil aufgefädelt und von außen durch das Loch im Tontopf geschoben.
3. Auf der Innenseite wird das andere Holzstück aufgefädelt und fest verknotet. Die Einfädelhilfe aus Klebeband muss anschließend wieder entfernt werden.
4. Wir nehmen das übrige Seil und stellen eine Öse her, indem wir das Schnurende doppelt legen und zu einer Schlaufe verknoten.
5. Die innere Seite des Tongefäßes streicht man großzügig mit dünnem Mehlkleister ein.

Mit Mehlkleister benetzter Tontopf

6. Nun die Holzwolle oder Gräser auf die mit essbarem Kleister bestrichene Seite des Tongefäßes drücken. **Tipp:** Um unseren Lieblingen einen kleinen Snack zu ermöglichen, kann man auch die Außenseite leicht mit Mehlkleister benetzen und Körnchen darüber streuen.

7. Jetzt muss das Spielzeug für 24 Stunden bei Zimmertemperatur trocknen. Erst wenn es vollständig ausgetrocknet ist, können wir es den Heimvögeln zum Spielen anbieten. Jetzt nur noch das Kettennotglied an der Öse anbringen.

   Tipp: Ist es für die Papageien oder Sittiche zu schwer, an die Holzwolle zu gelangen, dann können zusätzlich verschlungene Äste auf das Seil gefädelt werden. So erhalten die Vögel einen Platz, von dem aus sie einfacher knabbern können.

Weihnachtsbaumspitze als Sonnenschirmchen
Auch aus unserem ausgedienten Weihnachtsbaum lässt sich ein schönes Spielzeug herstellen! Der Baum sollte aus biologischem Anbau sein!

Arbeitsutensilien

- Fichtenspitze, ohne Nadeln, mit mindestens fünf Seitenzweigen
- viele dünne Zweige von Weide, Bambus und/oder Haselnuss
- Schnitzmesser
- Brennnesselseil, geflochten
- Akkubohrschrauber
- Holzbohrer
- Ösenschraube
- Kettennotglied aus Edelstahl

Anleitung

1. Man entfernt alle noch vorhandenen Nadeln der Weihnachtsbaumspitze.
2. Dann wird das Holz der Spitze, einschließlich das der Seitenzweige = Staken, mit Hilfe eines Schnitzmessers entrindet.
3. Je mehr Seitenzweige das Sonnenschirmchen hat, desto stabiler wird es. Weitere Ästchen kann man leicht einfügen, indem zwischen zwei feststehenden Staken ein zusätzliches Holz eingeflochten wird. Dabei muss darauf geachtet werden, dass man zum Flechten eine ungerade Zahl von Staken zur Verfügung hat.
4. Nun nehmen wir die Zweige von Weide, Bambus und/oder Haselnuss und beginnen mit dem Einflechten, indem wir sie immer abwechselnd über und unter den Staken hindurch einweben.
   Tipp: Ein neu einzuwebender Zweig verrutscht nicht so leicht, wenn man ihn auf den ersten Zentimetern etwas einknickt.
5. Wenn eine Rute an ihr Ende gelangt, fügen wir die nächste an. **Achtung:** Dabei sollten die beiden Holzzweige etwa 5 cm überlappen und mit einem Brennnesselseil doppelt verknotet werden.
6. Schritt 5 wird so oft wiederholt, bis man den Rand der Staken erreicht hat.
7. Nun drehen wir die Baumspitze um und erhalten damit unser „Sonnenschirmchen“.
8. Am Ende des Schirmchen“ständers“ wird jetzt mittig eine Ösenschraube in das Holz gedreht.
   Tipp: Wer möchte, kann Leckereien in die gewobene Fläche einbringen! Ein kleiner Ast, der am Schirmfuß befestigt wird, kann als Sitzplatz zum Knabbern benutzt werden.
9. Damit das fertige Spielzeug aufgehängt werden kann, muss noch das Kettennotglied an der Öse angebracht werden.

Wackelhölzer

Viele Vögel lieben es ganz oben auf einem wackeligen Ast zu sitzen

Arbeitsutensilien

- Ein längerer oder mehrere kleine Äste, Durchmesser ca. 2-3 cm
- Säge
- Akkubohrschrauber
- Holzbohrer, Durchmesser 7mm
- Mais- oder Grasseil
- Kettennotglied aus Edelstahl
-

Anleitung

1. Aus dem Ast/den Ästen sägen wir acht etwa 20 cm lange Teilstücke.
2. Wir kontrollieren diese auf mögliche Verunreinigungen und säubern sie bei Bedarf gründlich mit heißem Wasser.
3. An allen so entstandenen Holzstücken setzen wir, etwa 5 cm vom einen Ende entfernt, eine Markierung.
4. Dort wird nun jeweils ein Loch gebohrt.
5. Jetzt nehmen wir das Mais- oder Grasseil und machen an dessen einem Ende eine Öse. Dazu legen wir das Schnurende doppelt und verknoten es zu einer Schlaufe.
6. Dann können die acht zugesägten Holzstücke aufgefädelt werden. Vor und nach jedem Stöckchen brauchen wir einen Doppelknoten, damit sie nicht verrutschen. Zwischen ihnen lassen wir etwa 4cm Abstand.
7. Nun ist es Zeit das zweite Seilende zu einer Öse zu verknoten.
8. An beiden Ösen wird nun ein Kettennotglied angebracht.

Spielzeugtipp: Giraffe

Arbeitsutensilien und Zutaten

- gebogene Äste
- Holzwolle
- Akkubohrschrauber
- Holzbohrer
- Mehlkleister

Verwendet man als Giraffenhals oder -kopf eine Astgabel, kann man das fertige Spielzeug sehr schön über eine Sitzstange hängen

Futter-Roulette

Spielzeuge für unsere Heimvögel werden hauptsächlich durch Futter interessant. Darum ist es sinnvoll, neben Holzwürfeln oder anderen Bastelteilen, auch Leckereien anzufügen.

Arbeitsutensilien und Zutaten

- dicker Ast, Durchmesser ca. 8 cm, Länge ca. 30 cm, mittig, längs zersägt
- oder zwei mitteldicke Äste, Durchmesser ca. 4 cm, Länge ca. 30 cm
- Holzstück, rund oder eckig, Durchmesser ca. 8 cm, Länge ca. 10 cm
- getrockneter stabiler Brennesselstiel, Länge mindestens 24 cm
- Akkubohrschrauber
- Forstnerbohrer, Durchmesser 10 - 25mm
- Holzbohrer mm angepasst an den Durchmesser des Brennesselstiels
- Kettennotglied aus Edelstahl
- Ösenschraube aus Edelstahl

Anleitung

1. Zuerst kontrollieren wir die Hölzer auf mögliche Verunreinigungen und säubern diese bei Bedarf gründlich mit heißem Wasser.
2. Für die Aufhängung des fertigen Spielzeugs wird mit Hilfe des Akkubohrschraubers ein sehr dünnes Loch jeweils in ein Ende der beiden langen Hälften/Äste gebohrt.
3. Dort können die Ösenschrauben nun von Hand eingedreht werden.
4. An diese befestigen wir jeweils ein Kettennotglied.
5. Außerdem müssen mit dem Holzbohrer beide Teile/Äste mittig/nahe der Mitte im Durchmesser des Brennesselstiels durchbohrt werden.
6. Auch das runde oder eckige Holzstück bekommt längs eine Durchbohrung mit dem Durchmesser des Brennesselstiels.
7. Gleichfalls werden in das Holzstück mit dem Forstnerbohrer Löcher in verschiedenen Größen angebracht.
8. Nun „fädelt" man es auf den Brennesselstiel und verankert dessen Enden an den Holzasthälften/Holzäste.

Verschiedene Löcher für die Teigmischung

Wir können das Holzstück mit einer Backmischung, speziell für Papageien und Sittichen befüllen oder eine „eigene“ Teigmischung herstellen. Auch andere Leckereien können in die Löcher des Holzstücks gedrückt werden.

Füllung für das Futter-Roulette

Arbeitsutensilien und Zutaten

- Schüssel
- Gitterrost
- Geeignete Körnermischung oder Backmischung für Papageien und Sittiche und evtl. Bio- Vollkornmehl
- Mehlkleister

Für den Teig werden ein Esslöffel Mehlkleister und drei Esslöffel Körnermischung in einer Schale gründlich vermengt. Dabei ist es wichtig, dass die Füllung nicht zu flüssig ist.

Tipp: Für die krümelige Konsistenz fügt man entweder Körner bzw. Bio-Vollkornmehl oder weiteren Kleber hinzu. Die Mischung sollte für ca. 5 Minuten ruhen, bevor sie weiterverwendet werden kann.

1. Nun wird die Füllung in die Löcher des Astes eingebracht.
   Tipp: Wenn wir unsere Hände zuvor mit kaltem Wasser benetzen, verhindern wir, dass die Körnermasse daran kleben bleibt.
2. Sind die Löcher der Rolle vollständig gefüllt, muss sie bei 100 °C für ca. 30 Minuten im Backofen backen.
3. Um es auszukühlen, legt man das Holz auf einen Gitterrost.
4. Jetzt wird das Holzstück wieder in das „Roulette" eingebaut, (siehe Schritt 8)

   Tipp: Sind alle Körner herausgepuhlt worden, kann das Spielzeug mit etwas Wasser ausgespült und wiederverwendet werden.

Ästchenmatte

Arbeitsutensilien und Zutaten

- zwei dünne Äste, Durchmesser ca. 3 - 5 mm
- weitere dickere Äste, Durchmesser ca. 10 - 12 mm
- Holzkugeln
- Mehlkleister
- Gartenschere
- Akkubohrschrauber
- Holzbohrer, angepasst an den Durchmesser der zwei dünnen Äste
- Gitterrost

Anleitung

1. Wir kontrollieren zunächst die Äste auf mögliche Verunreinigungen und säubern diese bei Bedarf mit heißem Wasser.
2. Dann werden mit der Gartenschere sowohl die zwei „Leitäste" wie auch die waagerechten Äste auf Wunschgröße zugeschnitten. Dabei haben die beiden senkrecht verlaufenden Äste die gleiche Länge und

dürfen keinesfalls kürzer als 20 cm sein! Auch die quer verlaufenden Äste kürzen wir auf eine Einheitslänge von ca. 40 cm.

3. Nun bohren wir beidseitig der waagrechten Äste, mit Hilfe des Akkubohrschraubers, im Abstand von 3 cm zum Astende je ein Loch.
4. Anhand dieser Löcher werden die „Querstreben" in die „Leitäste" eingefädelt.
5. Die Holzkugeln füllt man mit Mehlkleister und steckt sie an die Enden der „Leitäste".
6. Zum Trocknen legen wir die fertige Ästchenmatte für ca. 48 Stunden bei Zimmertemperatur auf einen Gitterrost.

Mühlenrad

Arbeitsutensilien und Zutaten

- Äste
- Säge
- Akkubohrschrauber
- Holzbohrer
- Holzdübel
- Hammer
- frisches Grün für den Knabberspaß

Anleitung

Für ein solches "Mühlenrad" müssen nicht gebogene Äste verwendet werden. Auch gerade Äste kann man hierfür weiterverarbeiten. Sowohl kleine, als auch größe Räder sind möglich. Jetzt die eigentliche Anleitung:

1. Die Äste auf fünf ca. 20 cm lange und zehn ca. 10 cm kurze Hölzer sägen.

Ein Mühlenrad, aufgepeppt mit frischen Bambuszweigen, bietet einen langen Knabberspaß

2. Nun benötigen wir fünf der kürzeren Äste. Diese werden so auf den Boden gelegt, dass wir ein gleichmäßiges Fünfeck erhalten.
3. Das Fünfeck lassen wir auf dem Boden liegen und markieren uns die überlappenden Stellen und bohren dort durch beide Hölzer durch.
4. Die Hölzer werden jetzt durch die Dübel miteinander verbunden.
5. Schritt 2-4 wiederholen wir mit den anderen fünf kurzen Ästen ebenso.
6. Die 20 cm langen Hölzer werden so an den Außenseiten mit den kurzen Ästen angebracht, dass eine Art "Tunnel bzw. Rad" entsteht. Diese werden durch Löcher und Dübel wieder miteinander verbunden.

Versteckbrett

<u>Arbeitsutensilien und Zutaten</u>

- Ast (dick und dünn)
- Säge
- Akkubohrschrauber
- Holzbohrer
- Forstnerbohrer
- Stockschraube für die Aufhängung an der Voliere
- Sicherungsmutter

Verwenden wir für das Versteckbrett einen frischen Haselnusszweig, muss man beachten, dass dieser bei der Trocknung schrumpft. Der Ast sollte dann mit etwas Mehlkleister fixiert werden

Anleitung

1. Den dicken, längeren Ast einmal in der Länge durchsägen.
2. Mit dem Akkubohrschrauber werden, je nach Größe des dicken Astes ein bis zwei Löcher in ein Ende des Holzes gebohrt.
3. In dieses Loch drücken wir nun die Stockschraube aus Edelstahl.
4. Auf die flache Seite des Holzes befestigen wir mithilfe eines dünneren Astes, welcher in ein gebohrtes Loch gedrückt wird, das Versteckspielzeug. Dieses lässt sich ganz leicht mit Holzresten und einem Forstnerbohrer herstellen.
5. Mit einer Sicherungsmutter wird das Spielzeug nun an der Voilere angebracht.

Holzröhre

Holzröhren müssen bei der Herstellung gut fixiert werden, Verletzungsgefahr

<u>Arbeitsutensilien und Zutaten</u>

- Ast
- Akkubohrschrauber
- Forstnerbohrer

Anleitung

1. Der Holzast wird auf mögliche Verunreinigungen kontrolliert und anschließend entweder in der Hand oder in einem Schraubstock fixiert.
2. Akkubohrschrauber und Forstnerbohrer kommen zum Einsatz: Das Loch wird gebohrt.

Wichtig: Das Holz wird sehr warm, danach unbedingt abkühlen lasssen.

Tipp: Mit Gräsern und Sämereien gefüllt, mit einem Korkstück oder Rinde verschlossen, bietet es unseren Heimvögeln einen leckeren Snack.

Auch für kleine Schlangen können Holzröhren verwendet werden

Es wackelt, wie schön…

Schaukeln, Leitern oder wackelige Seile sind sehr wichtig für die Gesunderhaltung unserer Lieblinge. Sie trainieren durch ihre beweglichen Elemente das Gleichgewicht der Vögel. Nehmen wir die Natur als Vorbild: In dieser gibt es Baumwipfel und Äste mit unterschiedlichen Formen und Oberflächen, die sich mehr oder weniger bewegen. Wir sollten deshalb nicht nur fest verankerte Zweige in die Volieren unserer Papageien, Sittiche und Co. einbauen. Eine Mischung aus wackelnden und starren Sitzmöglichkeiten ist perfekt. Es gibt viele Möglichkeiten, bewegliche Elemente für unsere Lieblinge herzustellen. Schaukeln für den alltäglichen Gebrauch sind nur bedingt zu empfehlen, wenn sie aus einem gleichmäßig dicken Rundstab mit glatter Oberfläche hergestellt sind. Dies führt häufig zu Ballenproblemen bei unseren exotischen Lieblingen. Kletter- und Spielmöglichkeiten aus Naturästen sind deshalb die erste Wahl für die Volierengestaltung. Hinweis: Es ist wichtig, Schaukeln, Leitern und Seile regelmäßig, am besten täglich, auf ihren einwandfreien Zustand hin zu überprüfen. Dünne, ausgefranste Schnüre, Schrauben oder Nägel, die aus dem Spielzeug ragen, sind ein großes Sicherheitsrisiko. Dies gilt auch für gekaufte Produkte.

Der Schwalbensittich „Samson" schaukelt auf seinem Lieblingsast

Dreiecks- oder Vierecksschaukel
Die Dreiecks- oder Vierecksschaukel ist ähnlich aufgebaut wie eine einfache Astschaukel. Folgender Hinweis sollte dabei beachtet werden: Diese Schaukel schwingt in alle Richtungen, was den Papageien und Sittichen besonders gut gefällt. Durch ihre drei bzw. vier Ecken, werden auch drei/vier gleich lange Seile oder Edelstahlketten benötigt. Dies bedeutet, dass sie sehr groß sein sollte, um den Vögeln genügend Platz zu bieten.

Weinrebenschaukel
Schaukeln aus Weinrebenholz sind ein toller Blickfang. Da das Holz sandgestrahlt verkauft wird, ist es sehr gut zu reinigen. Im Handel findet man solches in der Reptilienabteilung oft als Dekoholz für Terrarien. Sie können vielfältig eingesetzt werden.

Wellensittich auf einer Weinrebenschaukel

Korkschaukel

Wir können für diese Variante sowohl Korkröhren als auch Äste mit weicher Rinde benutzen. Die Anleitung für die Korkschaukel kann man den Anweisungen für die einfache Astschaukel entnehmen. Bei dieser Art der Schaukel sollte unbedingt darauf geachtet werden, dass keine Ösen-Schrauben verwendet bzw. in die weiche Rinde gebohrt werden. Die Schrauben sind oft zu lang, und die spitzen Enden ragen auf der gegenüberliegenden Seite wieder heraus, was eine Verletzungsgefahr für unsere Vögel darstellt.

Pappschaukel:

Der Nymphensittich Arni liebt seine geflochtene Pappschaukel

Palmblattschaukel

Diese Schaukeln werden hergestellt aus den verholzten Blättern einer Palme. Diese umschließen die Blütenstände und platzen beim Erblühen ab. Sie sind in ihrer Anschaffung preislich hoch, aber unsere Papageien, Sittiche und Co lieben sie. Hinweis: Palmblätter aus Deko-Läden sind oft mit Lacken und Farben behandelt, solche dürfen als Schaukel nicht verwendet werden! Alternativen finden wir in Shops für Papageienzubehör.

Ringschaukel

Arbeitsutensilien und Zutaten

- Fertiger großer trockener Ring aus Holzästen
- Korkstück, Länge ca. 15 cm
- Akkubohrschrauber
- Holzbohrer, Durchmesser 1 mm geringer als der des Ringes
- Ösenschraube
- Kettennotglied
- Bastelteile

Anleitung

1. In das Korkstück bohren wir zwei Löcher in einem Abstand von ca. 8cm.
2. Bei dem Ring wird die Fixierung entfernt. Nun können diverse Bastelteile aufgefädelt werden.
3. Die Enden des Ringes werden fest in jeweils ein Loch der Korkrinde gedrückt.
4. In das Korkstück mittig eine Ösenschraube eindrehen.
5. Damit das Spielzeug aufgehängt werden kann, muss noch das Kettennotglied an der Öse angebracht werden.

Tipp: Sollte die Ringschaukel den Knabberspaß überleben, lässt sie sich jederzeit wieder neu mit Leckereien oder Bastelteilen bestücken.

Eine Ringschaukel mit diversen Knabberteilchen

Register

Impressum

Gekeler, Jennifer
Natürliche Beschäftigung für Papageien, Sittiche & Co.
Neue Ideen & Anleitungen für nachhaltiges Basteln. Mit Materialien aus der Natur.

1. Auflage (2023)
Arndt-Verlag e. K., Bretten
ISBN: 978-3-945440-93-3

Gesamtgestaltung: Birgit Bautz-Schäfer
Fach- und Sprachlektorat: Jörg Clausen
Schlusslektorat: Dr. Rainer Noske

Gedruckt in der EU

Bilder: stammen von der Autorin mit Ausnahme dieser Bilder von Pixabay: Ara auf Titel und Aras auf S. 75 (FaGong) sowie auf S. 34 (Manuela Rein), Zecke S. 13 (Erik Karits), Graupapagei S. 24 (Strichpunkt), Wellensittiche auf Rinde S. 9 (Thorsten Blank), Samenbombe S. 19 (congerdesign), Pflanze S. 7 (Dieter Staab).

Buchempfehlungen

Alle Titel sind direkt im Arndt-Verlag oder im gut sortierten Buchhandel erhältlich.

Zimmerpflanzen in der Vogelhaltung

Bestimmung, Pflege, Eignung für Papageien, Sittiche & Co.

Dieser Praxis-Ratgeber unterstützt Vogelhalter bei der Auswahl und Pflege von Zimmerpflanzen sowie dem Schutz ihrer Ziervögel vor Giftpflanzen.

In anschaulichen Pflanzenporträts erfahren Sie: Wie sich die jeweilige Pflanze anhand von Blatt, Blüte und Frucht sicher bestimmen lässt. Wie sie am besten zu Hause wächst und gedeiht. Welcher Standort und welche Erde ideal sind. Wie der Wuchs verläuft und wann Blütezeit ist.

Klassiker und Trendpflanzen: Es werden nicht nur die häufigsten Zimmerpflanzen detailliert vorgestellt. Auch an traditionelle Gewächse ist gedacht. Ebenfalls sind moderne Trendpflanzen als Anregung porträtiert. Die Liste mit den meistgekauften Zimmerpflanzen gibt zusätzlich Orientierung, denn diese Grün- und Blühpflanzen begegnen Ihnen im Handel oder zu Hause besonders oft.

Giftig oder ungiftig für Papageien, Sittiche und andere Heimvögel? Das wird in jedem Pflanzenporträt beantwortet. Der Vergiftungsfall soll mit diesem Buch vermieden werden. Nur was ist zu tun, wenn er dennoch eintritt? Wie lassen sich Vergiftungserscheinungen erkennen? Dazu ist ein Extrakapitel aufgenommen. Außerdem: Die typischen Irrtümer über Zimmerpflanzen in der Vogelhaltung.

140 Seiten, mehr als 200 Abbildungen und Fotos 29,90 €

Vogelfutterpflanzen aus Natur und Garten

Beliebte Futterpflanzen für Ziervögel und Ziergeflügel: Anbau, Ernte, Eignung, Wirkung

Das Wissen aus Biologie und Tiermedizin vereint sich in diesem Fachbuch der "Edition Gefiederte Welt".

Für eine gesunde, abwechslungsreiche Fütterung von Vögeln sind geeignete Pflanzen ausführlich vorgestellt. Zu Bäumen, Büschen, Gräsern, Kräutern und Blumen erfahren Sie:

- wie Anbau und Pflege gelingen
- auf was Sie bei Ernte und Lagerung achten müssen
- welche der Pflanzen Sie wann in der Natur sammeln können
- welche Wirkungen sie haben (z. B. Mineralstoff-/Vitaminversorgung, Entzündungen bekämpfen ...)

Ist das Gewächs überhaupt für Ihre Vögel geeignet? Das lesen Sie unter jedem Pflanzenporträt und zwar für Papageien, Sittiche (extra ausgewiesen: Wellensittiche), Kanarienvögel, Prachtfinken, Waldvögel und andere Finkenvögel sowie für Ziergeflügel. Die Grundlagen zur Ernährungsphysiologie und eine Liste giftiger Pflanzen, die sie auf keinen Fall füttern dürfen, runden das Fachbuch ab.

Die Autorinnen: Dipl.-Biologin Bärbel Oftring zählt mit über 140 Sachbuchveröffentlichungen zu den aktivsten Autoren im deutschsprachigen Raum, wenn es um „Flora & Fauna“ geht. Nach ihrem Studium mit den Schwerpunkten Zoologie, Botanik und Paläontologie engagierte sich die Naturliebhaberin als Fachautorin und Lektorin. Ihr profundes Pflanzenwissen kombiniert sie in diesem Buch mit praktischen Anleitungen und hilfreichen Tipps für Vogelhalter.

Prof. Dr. med. vet. Petra Wolf ist Veterinärmedizinerin und hat die Professur für Ernährungsphysiologie und Tierernährung an der Universität Rostock inne. Sie ist Fachtierärztin für Tierernährung und eine international hoch geschätzte Expertin und gefragte Beraterin in Fütterungsfragen. Ihre besondere Vorliebe und Profession für die Vogelwelt sind in dieses Fachbuch eingeflossen.

Über 140 Seiten, mehr als 120 Abbildungen

Expertentipps in jedem Pflanzenporträt, Giftpflanzenliste inklusive 34,90 €

Früchte, Gemüse und Nüsse

Superfood für Papageien, Sittiche, weitere Ziervögel und Ziergeflügel

Das Fachbuch unterstützt Vogelhalter und Vogelzüchter bei der Ernährungsplanung und der praktischen Fütterung. Welche Sorte ist für welche Art geeignet? Wie und warum sollte die jeweilige Sorte in der Fütterung eingesetzt werden.

Sicher und neu bestimmt ist dabei die Eignung verschiedener Gemüse- und Obstsorten, darunter sowohl Klassiker als auch Trendsorten. Ein Extrakapitel beleuchtet Nüsse.

Die Arteneignung ist bestimmt für Papageien und Sittiche (extra ausgewiesen: Wellensittiche und Großpapageien) sowie für Kanarienvögel, Prachtfinken, Wald- und Finkenvögel, Weichfresser und Ziergeflügel.

Besonders wertvoll sind die Erläuterungen zur Wirkungsweise. So finden sich Sorten, die z. B. die Beruhigung fördern, das Immunsystem stärken oder den Magen-Darm-Trakt unterstützen. Aber auch auf risikobehaftete Sorten mit gefährlichen Inhaltsstoffen oder hohem Zuckeranteil wird aufmerksam gemacht. Selbst an unterstützende Frischkost für Jungvögel (Aufzucht) und während der Mauser ist gedacht.

Tipps für die praktische Zubereitung sowie Lagerung und Aufbewahrung des Frischfutters sind in jedem Sortenporträt enthalten.

Eine detailreiche, umfassende Nährstofftabelle mit allen Sorten (Mineralien, Vitamine ...) runden das Fachbuch ab.

Autorenduo: Prof. Dr. Petra Wolf und Volker Oertel

152 Seiten mit über 100 Fotos 34,90 €